그림육아의 힘

그림
육아의
힘

| 김선현 지음 |

쌤앤파커스

내면이 강한 아이는
무엇이든 해낼 수 있습니다

정신의학자이자 심리학자인 융은 이렇게 말했습니다.

"어린이를 키우는 교육과정에는 여러 가지가 필요하지만 영혼을 살찌우는 데 가장 중요한 요소는 '따뜻함'이다."

어린 시절 양육자와 형성된 유대감, 친밀감, 애착은 아이의 정서 상태를 결정합니다. 그리고 이것은 아이 삶 전체를 지배합니다. 말 그대로 평생을 좌우한다고 해도 과언이 아닙니다. 정서는 곧 내면을 구성하고, 내면이 단단한 아이는 무엇이든 해낼 수 있는 어른으로 자랍니다. 내면이 허약하거나 아픈 아이는 당장은 문제가 없어 보일 수 있지만, 성장하는 과정에서 또 성인으로 성장해서까지 크고 작은 문제에서 벗어나기 어렵게 됩니다.

아이를 낳고 키워본 부모라면 아마 공감하시겠지만, 육아를 하다보면 이제껏 몰랐던 혹은 외면하고 살아온 나의 내면이 벌거벗는 순간들을 자주 마주하게 됩니다. 아직 다 자라지 못하고 불쑥불쑥 튀어나오는 나의 '내면 아이'가 예상치 못했던 우울감, 혹은 아이를 대할 때 처음 보는 나의 모습 같은 것들인데요. 이런 것들 역시, 대부분 나의 어린 시절의 상처와 아픔으로부터 기인한 것일 가능성이 매우 높습니다.

행복한 기억과 단단한 애착 관계로 건강한 내면을 가진 부모라면 괜찮겠지만, 혹여 결핍과 트라우마로 얼룩진 내면을 억누른 채 살아온 부모라면 이제라도 자신의 어린 시절을 돌아봐야 합니다. 우리 아이에게 똑같은 결핍을 대물림하지 않기 위해서 말이죠.

저는 이 책에서 그림육아에 대해 이야기하기 전에 이 부분을 꼭 말씀드리고 싶었습니다. 불안정한 부모 곁에서 불안정한 아이가 자랍니다. 부모 스스로의 내면이 불안한 상태라면, 그림육아든 책육아든, 세상에서 제일 좋다고 하는 그 어떤 육아도 아이에게 좋은 영향을 줄 수 없습니다. 아이에게 부모는 세상의 전부고, 그 세상이 불안한 상태라면 어떤 금은보화가 주어진다고 한들 누릴 수 없겠죠.

이 책의 '그림육아'는 아동심리 이론을 기본으로 미술치료의 그림 사례들을 통합해 정리하고 이를 실제 육아에 적용할 수 있는 방법입니다. 다시 말해, 양육자와 아이가 함께 미술활동을 하고, 아이가 그린 혹은 만든 활동물을 보면서 함께 대화를 나누고, 이를 통해 아이의 마음을 읽고 이해하는 것이 그림육아입니다.

아이랑 같이 그냥 그림 그리는 거랑 뭐가 다르냐고요? 맞습니다. 굳이 그림육아라는 말을 붙이지 않더라도, 사실 아이와 함께 즐겁게 그림을 그리고 그림에 대해 이야기하는 활동을 이미 하고 계시다면 그 자체로 그림육아 중이신 겁니다.

다만 아이와의 미술활동 시간이 좀 더 유의미해질 수 있도록, 그저 재밌고 즐겁기만 한 활동이 아닌 아이와의 유대 깊은 소통으로 나아갈 수 있도록 도움을 드리기 위해 이 책을 썼습니다.

그렇다면 왜 그림일까요? 세상에 넘쳐나는 많은 육아에 제가 '그림육아'를 구태여 하나 더 보태는 이유는 무엇일까요?

그림에는 그림을 그린 사람 고유의 이야기가 담깁니다. 아이는 그림을 통해 말로 할 때보다 훨씬 더 많은 감정을, 깊이 있는 마음속 이야기를 드러낼 수 있습니다. 때로는 무의식에 있는 것들도 표현되는데, 이는 자신이 느끼고 생각하는 것을 고스란히 드러낸다고 볼 수 있습니다. 그림은 또한 인식의 반영이자 갈등과 염려, 트라우마 등을 이해하는 강력한 도구이기도 합니다.

아이가 그림 속에 그린 인물들은 누구일까? 아이가 주로 쓰는 색과 미술매체는 아이의 어떤 마음을 대변하고 있는 걸까? 유난히 거친 선이나 강한 터치는 어떤 의미일까? 이럴 땐 아이에게 어떤 질문을 해서 좀 더 깊은 마음으로 다가갈 수 있을까?

책에는 이러한 질문들에 대답을 찾아갈 수 있는 길잡이와 방향을 제시해두었습니다. 그림이라는 매개물을 통해 아이의 내면을 더 깊이 이해하고 어루만져줄 수 있도록 말이죠.

이 책은 총 다섯 개의 파트로 이루어져 있지만, 크게 두 부분으로 나뉩니다. 파트1에서는 '그림육아란 무엇인가'에 대해 썼습니다. 그림육아가 생소한 부모들을 위해 그림육아에 단계별로 접근하는 법, 그림육아를 하기 전 알아두어야 할 것들, 그림육아가 우리 아이에게 줄 수 있는 긍정적인 효과 등 꼭 필요한 이야기를 정리했습니다.

파트2에서 파트5는 아이들의 그림 사례를 통해 정서, 사회성, 문제해결, 자존감에 해당하는 고민을 어떻게 풀어가야 할지에 대해 이야기했습니다. 또 미술활동을 통해 이러한 것들을 어떻게 강화하고 단단하게 다져갈 수 있는지도 덧붙였습니다.

각 꼭지마다 아이들이 그린 소중한 그림들이 함께합니다. 주제마다, 키워드마다 관련 깊은 아이의 그림을 선별해서 소개했고요. 그림에서 어떤 마음을 읽을 수 있는지, 그림을 그린 아이의 상태는 어땠는지도 설명글을 달아두었습니다.

그림육아를 시작하려는 부모라면 '어디서부터 어떻게 시작해야 할지'가 가장 막막할 거예요. 무엇보다 아이의 그림을 통해 '아무것도 이해하지 못하면 어쩌나' 하는 걱정도 드실 겁니다. 우리 아이와 그림으로 소통하기 전에, 본격적인 그림육아에 앞서 여러 아이들의 사례와 그림을 함께 접하는 것이 큰 도움이 될 거라고 생각합니다.

일과 육아를 병행해야 하는 워킹맘은 워킹맘대로, 하루의 모든 시간을 아이와 집안일에 쏟아야 하는 전업맘은 전업맘대로 힘든 하루를 보내고 계실 겁니다. 유치원에 들어가니 힘들고, 초등학교 들어가면 더 힘들고, 중·고등학교에 가면 또 다른 문제로 힘들 수밖에 없습니다.

끝도 없이 고된 듯 보이지만, 또 아이들이 있기에 우리는 더없이 웃고 행복하고 그리고 성장합니다. '정말로 인생이란 이런 거구나.' 알게 되는 순간들도, 결국 아이들 덕분입니다.

처절하게 힘들지만 또 눈물 나게 행복한 순간이 바로 지금입니다. 다시는 돌아오지 않을 시기임을 기억하고 아낌없이 아이를 사랑하며 누리길 바랍니다.

세상의 모든 부모님들을 응원하며
김선현

| PART 1 | 　그림육아의 본질

PART 4 | 문제를 극복하는 힘

우리 아이 발달 단계

아이는 태어나 성장하면 일정한 단계를 거쳐 발달하고, 어떤 단계로 나아가기 위해서는 반드시 그 전 단계를 거쳐야 합니다. 아이들의 일반적인 발달 단계를 알고 있으면, 미술활동에 적절하게 적용할 수 있고 또 양육자 나름의 응용도 가능합니다. 발달 단계에 맞는 자극과 그에 맞는 재료 등을 선택하는 데 있어서도 상당히 유용할 것입니다.

다음의 발달 단계 표는 발달심리학자 장 피아제Jean Piaget의 '인지 발달 이론'에 따른 4단계 발달과 미술 교육자 빅터 로웬펠드Victor Lowenfeld의 아동 미술 발달 6단계입니다.

〈 피아제의 인지 발달 단계 〉

감각운동기 (출생~2세)	영아가 새로운 정보를 얻기 위해서 자신의 감각을 사용하고 운동 능력을 사용하는 시기다. 반사 활동에서 간단한 지각 능력과 운동 능력이 발달한다. 이때 물체나 대상이 시야에서 사라져도 그 물체와 대상이 계속 존재한다고 믿는 대상 영속성이 나타난다.
전조작기 (2~7세)	유아가 신체감각보다는 언어활동과 신체활동을 통해 새로운 정보를 얻는다. 감각운동기와 조작적 사고의 과도기다. 자아중심성은 이기적이라는 개념과 다른 것으로 다른 사람의 관점을 이해하는 능력이 부족한 상태를 말한다. 보존 개념 중에서 수에 관한 보존 개념이 발달한다. 보존 개념은 한 사물의 외형이 변화해도 그 사물이 가지고 있는 질량이나 길이, 면적 등이 변하지 않는다는 것을 아는 개념이다.
구체적조작기 (7~11세)	학교에 들어갈 때가 되면 인지적 능력이 급속도로 발달한다. 자아중심적 사고에서 벗어나 보존 개념이 발달한다. 보존 개념 중에서 무게에 대한 개념이 발달한다. 사물이 가지고 있는 특성에 따라 사물을 분류하는 것이 가능하다. 하지만 구체적 사물을 다루고 논리적·가설적·추상적 문제를 다루는 데는 미숙한 단계다.
형식적조작기 (11세~성인)	보존 개념 중에서 부피에 대한 개념은 10~15세쯤 발달한다. 인지 발달은 일생 동안 이루어지고 추상적인 개념에 대해서도 논리적으로 사고할 수 있는 시기이다. 전제에서 결론을 유도해낼 수 있는 가설 설정이 가능하여 예측을 할 수 있다.

〈 로웬펠드의 아동미술 발달 단계 〉

난화기 (2~4세)	• 주변 환경과 처음 접촉을 통해 그림을 그리기 시작한다. • 만지고 느끼고 보고 조작하고, 듣는 활동들이 그림 그리기의 근본이 된다. • 자아 표현의 최초 단계이다. • 맹목적인 난화–팔의 움직임대로 선을 긋기 시작한다. • 원 운동에 의해 크고 작은 원을 연속적으로 그린다. • 그려진 형태에 이름을 붙이기 시작한다. • 색은 의식적이기보다 손에 닿는 대로 잡아서 칠한다.
전도식기 (4~7세)	• 대상에 대해 아동이 갖는 이미지나 감정을 상징적으로 표현한다. • 상징의 표현은 투시기법으로, 보이는 것이 아닌 아는 것을 토대로 그림을 그린다. • 일반적으로 처음 표현하는 상징은 사람으로 머리–다리 형태로 표현된다. • 공간적 배열과 같은 주위 환경의 관계에 대한 관심을 선 그림으로 나타낸다. • 기하학적 선과 모양에 의존하기 시작한다. • 주관에 의한 표현 도식을 산출한다. • 자기중심적 접근으로 사물이 아동을 둘러싸고 있는 형태의 그림을 그린다.
도식기 (7~9세)	• 사물의 개념을 습득하는 시기다. • 개인적인 도식은 일반화와 일반화를 보여주기 위해 사용되며 중요하지 않은 것은 생략하고 중요한 것은 과장한다. 도식으로부터 이탈하여 표현한다. • 기저선, 태양 공간 구성에 대한 주관적인 표현으로 전개도식 표현, 평면과 정면이 혼합된 그림을 그린다. 투시법 등이 표현된다. • 같은 그림 속에 다른 일들을 그리는 공존화 현상을 보인다. • 사물에 대한 개념이 지각을 이룬다.

또래집단기 (9~12세)	• 자신감을 지각하는 시기다. • 감추어진 부분을 나타내지 않고 형태를 중첩시키는 능력을 발휘한다. • 선이 기하학적이기보다는 좀 더 사실적이 된다. • 도식 표현이 시리지고 자기중심성과 주관직인 판단이 유보된다. • 원근감이 나타난다. • 또래집단에 흥미를 가지며 협동 작업을 한다
의사실기 (12~14세)	• 합리적인 묘사기다. • 원근을 정확하게 표현한다. • 사람의 모습은 보통 풍자화하며 개성을 발휘하지 않는다. • 사물을 객관적으로 보는 경향이 강하고 명암, 음영 정밀 묘사로 분석하여 그린다. • 관찰 묘사에 의존하고 3차원의 공간을 표현한다. • 외계를 인식하는 지능에 비해 표현 기술이 따라가지 못한다. • 시각형, 촉각형, 중간형을 분화한다. • 상당수의 아동이 미술에 흥미를 잃는다.
결정기 (14~17세)	• 개성에 따라 세 개의 표현 유형이 결정되는 시기다. • 외계를 인식하는 지능에 비해 표현 기술이 따라가지 못한다. • 사실적 표현 경향이 짙어진다. • 관찰 묘사에 의존하려고 한다. • 3차원적 공간 표현이 나타난다.

PART 1

그림육아의 본질

아이들은 노래하고 뛰고 춤추고 그립니다. 아주 어린 아기일 때부터 누가 가르쳐주지 않아도 장난감에서 흘러나오는 동요에 엉덩이를 들썩거리고, 손으로 색연필, 크레파스 등을 잡는 순간부터 집 안의 온 벽지는 아이들의 도화지가 되죠.

표현은 본능이고 그 방식에는 여러 가지가 있습니다. 아직 말이 서툰 아이들이 자신의 마음을, 내면 깊은 곳의 이야기로 가장 잘 드러낼 수 있는 것은 바로 '그림 그리기'입니다.

이번 파트에서 우리는 그림육아의 본질에 대해 알아보고자 합니다. 그림육아란 무엇인지, 무엇 때문에 그림육아를 해야 하는지, 그림육아를 통해 아이에게 어떤 힘을 길러줄 수 있는지, 아이에게 어떤 세상을 보여줄 수 있는지 등 차근차근 이야기해보겠습니다.

아이는 그림으로
모든 것을 말한다

엄마와 동생과 함께 야외 놀이를 하러 나온 풍경을 그려보았습니다. 하지만 이 그림을 그린 아이는 정작 즐거운 표정이 아니네요.

주변 풍경이 아름답고 좋았지만 실제로 아이는 전혀 즐겁지 않았다고 해요. 비어 있는 연못이 보입니다. 연못에 잉어가 있었던 것 같지만 잘 기억이 나지 않아 그리지 못했다고 해요. 풍경과는 상반되게 표현한 자신의 표정, 아름답지만 잘 기억나지 않는 풍경….

아이는 매우 무기력한 상태임을 알 수 있습니다.

우리는 말로 감정과 생각을 전달하는 방식에 익숙해져 있습니다. 하지만 언어로 표현할 수 없는 느낌이나 생각, 말로 다 담을 수 없는 더 깊고 복잡한 마음이 있을 수 있죠.

언어활동에 미숙한 아이들은 더욱 그렇습니다. 언어적 표현이 서툰 아이들은 주로 떼쓰기, 울기, 반항적인 행동 등 비언어적 표현으로 자신의 마음과 생각을 드러냅니다.

내 감정을 마음껏 드러낼 수 있는 그림

아이는 마음속에 담고 있는 것을 그리거나 만들 수 있습니다. 그림은 하나의 멋진 이야기가 되어 아이의 마음을 드러냅니다. 특히 의식하고 있는 생각 너머 무의식까지도 그림에 담기게 됩니다. 그림 그리기에는 특별한 규칙이 없고 색과 선, 형태 등을 자유롭게 활용할 수 있기 때문에 자신의 감정을 마음껏 드러낼 수 있는 것이죠.

아이는 크레파스 잡는 법, 힘을 주어 선을 긋는 법을 배우면서 무언가를 표현하고 싶어 합니다. 눈 깜짝할 사이 거실 벽이나 소파, 책장에 낙서를 하기도 합니다. 기분이 좋을 때도 낙서를 하고 화가 나서 어쩔 수 없을 때도 낙서를 합니다. 아주 어렸을 때부터 본능적으로 그림을 통해 자기표현을 하는 것이죠. 손으로 연필이나 색연필을 잡게 되는 순간부터 몸을 자유롭게 움직여 집 안을 온통 그림으로 도배합니다.

언어의 한계를 넘어 자유로운 표현으로

아이가 색을 선택하고 그림을 그리는 데는 마음 상태가 가장 큰 영향을 미칩니다. 색채는 아이의 심리 상태를 알게 해주는 하나의 매개체라고 볼 수 있는데요. 예를 들어 한 가지 색을 편향적으로 사용하는 경우, 아이의 시각이 좁아져 마음이 한쪽으로 치우친 상태일 수 있습니다. 이럴 땐 세심하게 아이를 살펴볼 필요가 있습니다.

이런 식으로 아이가 그리는 그림을 통해 우리는 아이의 심리 상태와 내면의 이야기를 엿볼 수 있습니다. 이것이 바로 '그림육아'입니다. 그림육아는 집에서 손쉽게 함께할 수 있는 즐겁고 유의미한 활동입니다.

아이들은 자신의 감정을 잘 드러내지 못하거나 때로는 정반대의 감정으로 표현하기 때문에, 부모가 아이의 속마음을 모르고 넘어가거나 오해하는 경우도 생깁니다. 이때 그림을 통해 아이의 감정 표현을 민감하게 관찰할 수 있습니다.

아이들은 초등학교를 다니기 시작하면서 수많은 스트레스에 노출됩니다. 또래 집단에서의 관계 형성과 익숙치 않은 학습량의 증가로 어른 못지않은 심리적 어려움을 겪기 때문이죠.

하지만 아이들은 이러한 어려움을 솔직하고 자세하게 모두 털어놓기가 어렵습니다. 간혹 아이가 학교에서 있었던 일을 집에 와 잘 애기하지 않는다고 속상해하는 부모님들이 계신데요. 아이가 어떻게 이야기해야 할지 몰라서 그럴 수 있다는 것을 염두에 두셔야 합니다.

그림은 언어를 대신하여 아이의 감정과 생각을 고스란히 드러낼 수 있습니다. 먼저 그림은 자신을 둘러싼 세상에 대한 아이의 인식을 반영합니다. 어떤 대상을 그리는지, 그림의 배치와 구도는 어떤지, 어떤 특성의 색과 선을 사용하는지 모두 아이의 마음을 들여다보는 단서가 됩니다.

또한 그림은 아이의 사고, 감정, 환상, 갈등, 염려 등을 이해하는 강력한 도구이기도 합니다. 이때 아무 조건 없이 아이의 모든 것을 있는 그대로 받아들여야 합니다. 아이가 자연스럽게 표현할 수 있는 기회를 주는 것이 무엇보다 중요합니다.

또한 아이 스스로 그림을 통해 문제를 표현하고 다시 경험하면서 심리치료의 효과를 얻을 수 있습니다. 불안, 분노, 적대감 등 다소 부정적인 감정들을 정화하고 긴장을 이완시켜 심리적으로 안정을 주기 때문입니다. 미술활동은 아이 스스로 자신의 감정을 조절하고 통제하여 문제를 해결할 수 있게 돕습니다.

아이와 할 수 있는
최고의 소통 방법

이 그림을 한번 볼까요? 그림 속에는 엄마가 아이만을 위해 여러 가지 음식을 준비해놓은 모습이 담겨 있습니다. 아이도 엄마도 세상 부러울 것 없는 평화로운 시간입니다.

  이 그림을 그린 아이는 세상에서 엄마와 있는 시간이 가장 좋다고 말합니다. 도시락을 싸서 함께 소풍을 갔던 기억이 제일 행복해서 이 그림을 그렸다고 해요. 안정적인 녹색을 많이 썼습니다. 그림을 보는 것만으로도 아이가 엄마를 좋아하는 마음이 많이 느껴지네요.

아이들은 자라면서 그림 그리기나 만들기, 종이접기 등에 흥미를 보입니다. 특히 이런 것들을 엄마, 아빠와 하는 것을 재미있어하기 때문에 자연스럽고 쉽게 그림육아에 접근할 수 있습니다.

그림을 통한 따뜻한 상호작용

함께 그림을 그리거나 만들기를 하다보면 자연스레 아이와 많은 이야기를 나눌 수 있습니다. 그 안에서 아이가 무엇을 생각하는지, 부족한 것이 무엇인지, 좀 더 잘 알아차리고 아이 마음을 깊이 읽을 수 있도록 도와주는 것이 그림육아입니다.

이때 주 양육자와 단둘이 아니라 가족 모두 한자리에 모여 함께 하다보면 좋은 추억도 생기겠죠. 가족과 함께 하는 미술 활동은 아이들을 정서적으로 안정시킬 뿐만 아니라, 아이들의 내면을 들여다볼 수 있게 하는 소중한 시간입니다.

아이들은 부모님과 형제자매, 조부모님들로부터 사랑과 관심을 받고 있다는 것을 확인할 수 있고, 자존감과 성취감이 저절로 올라갑니다. 가족 간의 사랑을 느끼게 하는 동시에 아이의 상상력과 창의력까지 길러줄 수 있으니 이만한 활동이 없습니다.

가장 중요한 것은 그림이나 만들기가 완성된 다음에 함께 대화를 나누는 것입니다. 이때 부모님은 아이가 편안한 마음으로 자신의 속마음을 솔직하게 말할 수 있게 자연스레 대화를 이끌어야 합니다.

비판을 하거나 말을 끊거나 '이때다 싶어' 평소 하고 싶었던 잔소리를 한다면 아이는 입을 다물게 될 거예요. 옳고 그름을 판단하는 말은 잠시 접어두고 있는 그대로의 아이 이야기를 편하게 들어주세요. 이 시간만큼은 즐겁게 그림에 대한 이야기를 나눔으로써 아이의 마음을 이해하고, 아이의 잠재된 불안과 두려움을 해소하는 기회로 이끌어주셔야 합니다.

이게 바로 그림육아의 핵심이죠.

부모는 아이에게 최고의 정신적 지지자

미술활동이나 그림 그리기는 대체로 미술학원 같은 기관에 가지 않고 집에서도 얼마든지 간단하게 할 수 있습니다. 사실상 '그림육아'라는 말 이전에, 부모와 아이가 함께 미술놀이를 하고 그림 그리기를 한다고 생각하면 그리 어려운 게 아니니까요.

일반적으로 그림교육을 실행하기 위해서는 인성적 자질과 전문적 자질을 갖고 있어야 하지만, 전문적 자질이 없더라도 그림육아에 있어서는 부모님이 최고의 지도자라고 할 수 있습니다. 아이의 정신적 지지자 역할을 누구보다 잘할 수 있는 사람은 바로 '부모님'이니까요. 여기서 정신적 지지자란, 아이를 따뜻하게 대하면서 그들의 내면 자체를 좋아하는 사람입니다.

부모님께서 아이의 정신적 지지자로 그림육아를 잘 실천하기 위해서는 무엇보다 부모님 자신에 대한 성찰이 필요합니다. 반드시 이 부분이 선행되어야 한다고 말씀드리고 싶어요.

육아는 자기 자신의 투영입니다. 자기 자신을 알고, 스스로 존중하는 마음이 있어야 아이를 대할 때도 애정을 가지고 마음을 기꺼이 내어줄 수 있습니다. 자기 자신에 대한 수용과 존중은 아이에 대한 존중으로 이어지고, 아이를 있는 그대로 받아들일 수 있는 바탕이 됩니다.

'얼마나 같이 있느냐'보다 '어떻게 같이 있느냐'

아이의 정신적 지지자로 그림육아를 잘 실천하기 위해서는 아이의 심리 상태를 잘 파악하고 있어야 합니다. 그러기 위해서는 평소 아이와 눈을 자주 마주치며 대화하고 아이를 잘 관찰하는 시간이 필요합니다. 요즘은 부모님이 맞벌이인 경우가 많으니 현실적으로 아이와 함께하는 시간은 절대적으로 적을 수밖에 없는데요. 아침저녁으로 겨우 얼굴만 보는 사정이라고 해도, 시간이 없어서 아이에 대해 잘 모른다는 말은 핑계에 불과합니다.

긴 시간보다 짧지만 양질의 시간을 보내세요. 단 30분이라도, 스마트폰이나 텔레비전은 *끄고* 아이와 마주앉아 이런저런 이야기를 나눠보세요. 반드시 눈을 마주치고 어깨도 토닥여주면서 오늘 있었던 일, 기분 나빴던 일, 아쉬웠던 일들을 물어보세요. 엄마, 아빠는 '너를 궁금해하고 있어.'라는 마음을 아이가 충분히 느끼게 해주세요.

그림육아에 앞서 최소한의 준비

그림육아에 있어 미술에 대한 전문적인 지식이나 기술이 필수는 아니지만, 미술매체에 대한 최소한의 이해를 갖고 계시면 좋습니다.

여러 종류의 미술도구를 아이보다 먼저 사용해보는 것도 도움이 됩니다. 능숙하지 않더라도 오랜만에 만져보는 크레파스, 물감, 파스텔 등을 아이에게만 맡기지 말고 직접 만져보고 그려보면서 아이가 '이런 재료를 잡을 땐 이런 느낌이겠구나.', '이 재료를 선택할 땐 마음이 이런 방향이겠구나.' 등을 느낄 수 있으면 좋겠죠.

그리기 미술매체의 종류로는 연필, 색연필, 사인펜, 파스텔, 분필과 같은 '건식매체'와 수채물감, 아크릴물감, 유약, 염료 같은 '습식매체'가 있습니다. 무엇보다 중요한 '종이'는 대표적인 도화지부터, 색종이, 한지, 골판지, 포장지 등이 있고요.

아이가 여러 가지 매체를 접하고 자신이 표현하고 싶은 내용에 따라 재료를 선택할 수 있도록 도와주는 것이 좋습니다. 또는 아이의 상태나 상황에 따라 매체를 제안해주는 것도 좋습니다.

산만하거나 주의력 결핍이 있는 아이라면 미술치료 관점에서 통제성이 강한 매체로 여겨지는 연필이나 사인펜 등으로 색칠하기, 정해진 구역을 색으로 채우기 등을 해볼 수 있고요.

평소 표현하는 데 어려움을 느끼고 섣불리 시도해보지 못하는 아이라면 진흙이나 물감과 같은 비전형적인 매체가 좋습니다. 아이에게 스트레스가 많아 보이거나 감정을 표출하는 게 필요해 보이면 핑거페인팅이나 점토 등으로 오감을 자극하고 마음껏 놀이처럼 임할 수 있는 재료가 좋습니다. 또 잘 찢어지는 신문지나 부러지는 분필 등으로 찢고 부러트리는 놀이 활동을 진행해도 좋고요.

아이가 서툴다고 핀잔을 주는 건 좋지 않습니다. 만약 서툰 이유가 심리적인 것이라면 오히려 격려해주어야 하고, 실제로 기술이 부족하거나 그리는 방법을 모르는 경우라면 쉬운 것부터 차근차근 해볼 수 있도록 옆에서 도와주어야 합니다.

그리고 표현하고
이해하고 연결된다

아이가 제일 좋아하는 캐릭터 케로로 소대로 채워진 도화지네요. 케로로가 악당들을 물리쳐 우리 편이 꼭 이겼으면 하는 바람을 담았다고 합니다. 내가 직접 싸우는 것이 아닌데, 인터넷 게임에서도 꼭 이겨야 속이 시원하대요.

　악당과 싸우는 영웅에 자신을 투영해 자신감과 정의에 불타는 모습을 표현했습니다. 이 그림 하나로 아이가 좋아하는 것, 아이의 승부욕과 평소 성향, 생각하는 것 등 여러 가지를 엿볼 수 있네요.

아이가 자신의 내면을 표현하고 드러내는 방법에는 여러 가지가 있습니다. 그림뿐만 아니라 음악, 무용, 글쓰기 등 다양한 예술활동들이 있죠. 그중에서 우리는 왜 그림육아를 이야기할까요? 그림은 어떤 힘을 가지고 있을까요?

그림은 '마음의 지도'다

우리는 여러 감각 중 특히 시각을 통해 대부분의 세상을 인지합니다. 실제로 보는 것, 보이는 것이 내 세상이고 과거의 기억이나 추억도 모두 이미지화된 것이죠. 감정이나 기분도 마찬가지입니다. 어떠한 형태를 가지고 있지는 않지만 색이나 선으로 표현할 수 있습니다.

그렇기 때문에 미술, 그림을 통한 공감과 소통이 가능합니다. 즉 자신이나 타인의 감정과 생각을 시각적으로 옮겨보면서 이야기할 수 있다는 것이죠.

아이는 자신이 알고 있는 것, 느끼고 생각하는 것을 다양한 그림과 재료, 색을 통해 표현할 수 있습니다. 이때 재료에 따라 더 풍부한 내용을 표현하고 새로운 감각 경험을 하기도 하고요. 이러한 과정 속에서 창의적 사고를 하고 새로운 에너지를 충전하며 동시에 휴식을 취할 수 있습니다.

그림은 '마음의 지도'입니다. 그림을 통해 우리는 아이 마음

속에 어떤 지도가 그려져 있는지 들여다볼 수 있어요. 부모는 이 마음의 지도를 읽고 아이에게 제대로 도착해야 합니다. 아이가 바라보는 방향을 읽고 함께 걸어가야 합니다. 지도를 제대로 읽지 못하거나 아예 들여다보지도 않는 부모에게서 자란 아이는 혼란에 빠지고 맙니다.

창조적으로 내면을 통합하는 힘

아이와 그림으로 소통하기 위해 부모님은 아이의 특성을 '있는 그대로' 받아들일 준비가 되셔야 합니다. 학습적인 게 아닌 놀이의 개념으로 접근해야 하고요. 놀이는 성인이 되면서 생산적인 활동으로 전환됩니다.

몸과 마음을 연결시켜 건강하게 자신의 감정을 인식하고 표현하게 하는 것, 이로 인해 세상과 건강한 관계를 맺게 하는 것, 이것이 그림육아의 궁극적인 목표입니다.

그림 그리기는 어찌 보면 쉽게 하는 놀이처럼 보여도, 사실 여러 가지 범위의 능력을 필요로 합니다. 충동과 통제, 환상과 실제, 무의식과 의식, 공격과 사랑 등 갈등 요소의 통합을 요구하죠.

이러한 갈등 요소들을 통합할 때에는 위협이 따르기도 하는데, 이때 미술활동은 대립하는 힘들을 무의식중에 단합시켜 창조적인 측면으로 모두를 내포할 수 있습니다. 이러한 것을 적극 활용하는 것이 바로 그림육아입니다.

스스로 통찰하고 변화를 느끼는 경험

그림은 보관할 수 있기 때문에 필요한 시기에 다시 꺼내볼 수 있습니다. 아이와 함께 지난 그림을 보며 '이때는 이런 그림을 그렸구나.', '이때는 학교생활을 이렇게 표현했었구나. 지금은 어때?'라는 식의 대화를 새롭게 진행해볼 수도 있죠.

이 활동은 새로운 통찰을 만들어냅니다. 아이들은 이전에 만든 작품을 다시 보면서 당시 자신의 감정을 회상하고, 자신의 변화를 스스로 깨닫게 됩니다. 예를 들어 '요즘 학교생활이 어떤지 자유롭게 그려보자.'라는 주제로 그림을 그린 후, 6개월 전이나 1년 전 똑같이 '학교생활'에 대해 그린 자유화를 꺼내 함께 보는 것입니다.

아마 그림 실력도 늘었을 것이고, 표현하는 방식이나 대상도 많이 바뀌었겠죠. 아이가 직접 자신의 그림을 보며 '내가 이렇게 변했구나.', '이때는 이렇게 그렸구나.'를 스스로 느낄 수 있습니다.

또 그림은 공간성을 가지고 있습니다. 언어는 1차원적이고 시각적인 의사소통 방식이 아닙니다. 하지만 그림은 복잡한 관계를 한 장의 공간으로 표현합니다. 가깝고 먼 것, 결합과 분리, 유사점과 차이점, 감정과 특정한 속성, 가족의 생활환경 등을 '한 장'의 공간 안에 표현함으로써 나와 나를 둘러싼 주변을 이해하게 됩니다.

무엇보다 미술활동은 아이의 창의력과 신체적 에너지를 활발하게 합니다. 아이들을 지켜보면 대부분 미술활동을 시작하기 전에는 에너지가 다소 떨어져 있다가도, 그림을 그리고 만들기를 하고 이야기하고 감상하는 동안 활기찬 모습으로 변화합니다. 바로미술 활동을 통해 '창조적 에너지'가 발산되기 때문입니다.

심신의 안정을 찾게 하는 그림의 힘

아이들은 아직 스스로 문제를 해결할 힘이 부족하기 때문에 무의식적 사고와 감정을 그림으로 표현합니다. 갈등을 표출하고 부정적인 에너지를 긍정적으로 전환시키는 그림활동은 그 자체로 아이들에게 휴식이 됩니다.

이 활동을 부모님이 함께 하면, 부모님 입장에서는 미처 알지 못했던 아이의 마음을 읽을 수 있고, 아이 입장에서는 부모님과 교감하는 시간으로 심적인 충만함을 얻습니다.

그림육아지만 꼭 그림 그리기만 해당하는 건 아니고, 여러 가지 미술활동을 모두 포함합니다. 만들기, 부수기 등의 놀이를 하면서 정서적 이완과 해소를 경험할 수도 있습니다.

일상생활에서는 드러내기 힘든 분노나 공격성도 마구 표출할 수 있습니다. 미술활동을 통해 아이들은 마음속 기쁨, 슬픔, 갈등이나 고통을 자유롭게 표현하는 게 가능해집니다.

이때 아이의 행동이나 작품의 완성도에만 너무 관심을 기울이지 말아주세요. 그림육아의 궁극적인 목적은 미술활동을 통해 아이와 '소통'하는 것입니다.

부모님은 아이의 입장이 되어 아이가 경험한 상황과 감정을 다시 경험하듯이 지켜봐주는 공감의 자세가 필요합니다.

이러한 상호작용을 통해 부모님에게 자신이 존중받고 있다고 느낄 때, 아이는 그림을 통해 더욱 적극적으로 마음을 드러낼 수 있습니다.

단계별로 천천히,
아이와 함께 그림육아 3단계

모나리자를 보고 그린 그림이라고 합니다. 본인이 보기에는 조금 이상한데 선생님께서는 열심히 그렸다고 칭찬을 많이 해주셨대요. 칭찬을 들으니 기분이 너무 좋았다고요.

이 아이는 다음에 더 열심히 그려서 또 칭찬받고 싶고, 그림을 그리는 게 재밌어진 것 같다고 들떠서 이야기했습니다. 그림 속 표정에도 들뜬 마음과 기쁨이 녹아 있습니다. 뒷배경도 안정적인 파란색으로 꾸몄네요.

그림 그리기에 어려움을 느끼거나 스스로 잘 못한다는 마음 때문에 멀리하려고 하는 아이라면, 일단 흥미를 유발하고 미술활동에 대한 불안감이나 부담감을 줄여줄 필요가 있습니다.

　그림 그리기에 대해 부담을 내려놓고, 그림을 통해 부모와 소통하는 것에 익숙해지고, 그림 속에서 이야기하는 법을 터득하고… 이런 식으로 단계별로 천천히, 우리 아이만의 속도에 맞춰 그림육아를 진행하는 것이 좋습니다.

1단계 : 부모와 아이가 그림을 통해 친해지기

그림육아는 부모와 아이가 미술을 통해 친해지는 것을 목표로 합니다. 부모님은 아이가 원하는 재료를 선택하여 원하는 방법으로 생각과 감정을 표현할 수 있게 돕는 정도의 역할만 해주시면 충분합니다.

　그림육아에 있어 그림은 아이에 대한 평가의 도구가 아닌 이해의 도구여야 합니다. 아이가 그림을 잘 그리고 못 그리고, 그림이 늘었고 안 늘었고는 전혀 중요하지 않습니다. "잘 그렸다!" 같은 결과물에 대한 칭찬보다는 "이걸 그릴 땐 어떤 느낌이었어? 뭘 표현한 거지?" 같은 질문으로 대화를 이끌고 아이의 이야기를 듣는 과정이 매우 중요합니다.

　그림 그 자체가 아닌 그리는 과정, 그리는 주체인 아이가 느끼는 감정이 중요하다는 것을 아이가 인식할 수 있도록 지속적으로 반복해서 알려주세요.

2단계 : 감정을 표출하고 긍정적인 자아 형성하기

1단계가 익숙해지면 아이는 그림을 통해 자신의 감정을 숨기지 않고 어느 정도 표출하게 됩니다. 아이는 그리기 활동에 집중하면서 자신감과 성취감을 느끼기도 합니다. 눈에 보이는 성과물이 존재하니까요. 재미있게 놀면서 자신만의 작품을 쌓아가는 것이죠. 클리어 파일 등에 그림을 보관하거나 집에 아이만의 갤러리를 만들어 전시를 해도 좋아요.

그림을 그리는 도중에는 아이에게 지시나 명령을 하지 말고 적절한 개입과 격려를 통해 스스로 활동을 주도해나갈 수 있도록 도와주세요. 이러한 과정을 통해 아이는 부모에게서 결핍되었던 사랑과 애정에 대한 욕구를 채웁니다.

'나도 할 수 있다!'라는 자신감과 성취감, 자긍심을 가지면 긍정적인 자아 개념형성에 도움이 됩니다. 자신의 그림에 애착을 보이기도 하고요. 긍정적 자아 개념을 형성한 아이는 다른 사람을 배려할 수 있는 힘 또한 갖게 됩니다.

3단계 : 정서적 안정감으로 통제력 기르기

이 단계에서는 부모와 아이 모두 1단계에 비해 성장한 모습이 됩니다. 아이는 자신에 대해 긍정적으로 생각하는 개념을 형성하고 있고요. 정서적 안정감을 바탕으로 다른 사람을 배려하고 자신의 감정과 욕구를 스스로 통제할 수 있게 됩니다. 물론 이 통제력이 어른들 수준의 통제력은 아니기 때문에, 자연스럽게 차츰 성장할 수 있도록 기다려줘야 합니다.

통제력을 기르는 방법 중 하나는 감정을 인식하고 이해하는 것입니다. 그림을 통해 자신이 어떤 감정을 느끼는지 눈으로 보고(인식) 그것을 엄마, 아빠와 충분히 이야기하는(이해) 시간을 통해 건강한 통제력이 자생할 수 있습니다.

자신의 감정을 잘 이해하는 아이가 타인의 감정도 이해할 수 있습니다. 이것은 곧 공감 능력의 향상으로 이어집니다.

아이 인생 최고의 스펙,
단단한 마음지붕

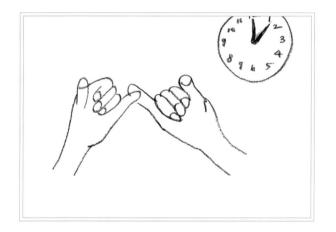

그림 속에 아이는 자기 스스로와 손가락을 걸고 약속하고 있습니다. 약속한 것은 꼭 지키되 다른 것은 내가 하고 싶은 대로 하겠다고 다짐하고 있다고 해요.

아이는 매사 자신의 일을 대신해주던 엄마로 인해 스스로 결정하는 일이 거의 없었고, 간혹 혼자 결정할 때에는 '실패하면 어떡하지?' 걱정이 되어 자신감이 없었다고 합니다. 하지만 이제 스스로 뭔가를 해보겠다고 마음먹었고, 그것을 그림으로 표현하였습니다.

아이들은 감정이나 생각을 표현하는 데 서툽니다. 왜 그러는지 이유를 말해주면 좋을 텐데, 화를 내거나 투정을 부리고 떼만 쓸 땐 정말 답답하죠. 처음엔 달래주다가, "말을 해봐, 대체 왜 그래?"라고 물어보기도 하다가, 결국 엄마도 화가 나서 짜증을 내버리며 끝나는 게 대부분일 거예요. 심한 경우 아이의 감정에 동요되어서 같이 싸우기도 하고요.

나와 내 아이만의 관계 그리고 기준

요즘 부모들 참 아이 키우기 힘들어요. 여기서는 이렇게 해라, 저기서는 저렇게 해라, 육아서는 넘쳐나고 유튜브며 SNS며 이런저런 양육 지침들이 너무 많죠. 누구는 칭찬을 많이 해주라고 하고 또 누구는 너무 칭찬을 해줘도 안 된다고 합니다.

도무지 어느 쪽을 따라야 할지 혼란스럽기도 합니다. 분명 그 어떤 시기보다 정보는 호황이지만, 양육자의 기준이 없으면 이리저리 휘둘리며 육아에 혼란을 가져오기 딱 좋죠.

아이를 키울 땐, 전문가의 양육 지침에 의지하기보다는 시행착오를 겪더라도 나와 내 아이만의 관계를 맺는 것이 좋습니다. 우리만의 기준을 세워야 하는 것이죠. 다른 사람이 세워놓은 기준을 그대로 가져다 '우리'에게 적용하다가 맞지 않으면 '이게 아닌가?'라는 혼란이 오고 마치 우리가 어딘가 잘못된 것처럼 여겨지기도 합니다.

사실 육아라는 게 실제로 해보면 정말 많이 다르잖아요. 책대로, 전문가의 의견대로 상황이 다 따라주는 것도 아니고 우리만의 사정이, 우리 아이만의 기질이, 또 우리 사이에만 있는 무언가가 있으니까요.

시행착오가 반드시 필요하고 그 과정에서 나와 내 아이만의 공고한 유대감과 기준을 만들어가는 것이 필요합니다.

많은 부모가 좋은 엄마, 아빠가 되기 위해 본인이 하고 싶은 일을 참아가며 아이에게 무엇을 해줄 수 있는지 고민합니다. 자신이 부족하고 못해주는 부분에 대해서는 안타까워하면서 조바심을 내기도 하고요. 회사를 다니며 아이도 키워야 하는 워킹맘, 워킹대디들은 걱정이 이만저만이 아닐 겁니다.

하지만 무작정 희생하는 것이, 부모의 모든 시간을 아이에게 내어주는 것만이 '좋은 부모'가 되는 길일까요? 아이에게 정말 필요한 것은 무엇일까요?

아이들에게 정말로 필요한 것

부모는 아이들이 마음을 툴툴 털어놓을 수 있는 대상이 되어야 하고 같이 고민해주는 사람이어야 합니다. 아이들에게 필요한 건 자신의 이야기를, 고민을 들어주는 어른이에요.

막상 어렵게 이야기를 꺼냈는데 아무렇지도 않게 넘기면 아이의 마음은 닫혀버리고 맙니다. 한번 마음이 닫힌 아이는 쉽게 마음을 열지 않습니다. 작은 틈은 이내 큰 골이 되어버리죠.

이럴 때 그림은 아이들의 닫힌 마음을 여는 데 도움이 됩니다. 아이들은 그림을 그리며 스트레스를 해소할 수 있을 뿐 아니라 적극적으로 말문을 열고 이야기할 수 있는 기회를 갖습니다.

아이는 아는 것만 그립니다. 무심코 그린 그림 속에 내가 아는 사실, 내가 느끼는 감정과 생각, 미처 표현하지 못한 내 마음이 드러나게 마련이죠.

미술활동을 통해 부정적인 에너지를 올바르게 발산하고, 감정을 건강하게 해소한 경험은 아이의 내면을 단단하게 할 뿐만 아니라, 아이가 자기만의 세계를 찾아가는 과정을 도와줍니다.

살아가는 데 있어 가장 강력한 무기가 된다

내면을 위한 미술활동은 자신감과 자존감을 향상시켜 어려운 상황을 잘 극복할 수 있는 능력을 가지게 합니다. 이는 자신의 감정을 표현하고, 그것을 이해하고, 또 해소하는 연습에 있습니다. 내가 가진 감정을 잘 다룰 줄 안다는 것은 엄청난 능력입니다. 이는 살아가는 데 있어 더없이 큰 무기가 되어줍니다.

아무리 잘 지은 집도 지붕이 부실하면 어떨까요? 지붕은 집의 완성이고 집의 모든 것을 보호합니다. 단단하고 튼튼한 지붕은 건강하게 다져진 우리의 '내면'과 같습니다.

겉으로 멀쩡해 보이지만 내면에 결핍이 크고 트라우마로 점철된 사람은 인생 전반에 문제가 생깁니다. 비가 계속 새는 집처럼, 어떤 특정 상황에 놓이면 같은 문제가 반복되고 이는 삶 전체를 가난하고 불행하게 만듭니다.

그림육아의 궁극적 목적은 우리 아이에게 단단하고 튼튼한 지붕을 만들어주는 것입니다. 이는 인생 최고의 스펙이자, 부모가 줄 수 있는 가장 멋진 선물이라고 생각합니다.

자신의 삶과 미래를 책임지는 사람으로

청소년 자살에 대한 연구를 하면서 자살 요인을 살펴보니 우울과 충동성, 술이나 약물 등 개인 특성과 가족 관계, 경제적 어려움 등 정말 다양한 이유들이 있었습니다.

그중에서도 학교와 또래 환경에서 따돌림, 학교폭력, 성적 비관 등의 문제가 가장 컸는데요. 이러한 문제들이 닥쳤을 때 아이들은 달리 해결할 수 있는 방안을 찾지 못하고, 자살이라는 선택지로 내몰리는 경우가 많았습니다.

자신에게 닥친 어려움을 호소할 곳이 없고, 하더라도 정서적으로 공감받지 못하기 때문에 심리적으로 고립됨을 느끼는 것이죠.

　세상에 나 혼자 남은 느낌, 가족이 있고 친구가 있고 선생님이 있어도 진정으로 내 옆에 있는 사람은 없다는 느낌은 성인에게도 견디기 힘든 고통입니다. 하물며 심리적으로 예민하고 감수성이 풍부한 시기인 청소년기 아이들에게는 치명적일 수 있습니다.

　지시와 통제 중심의 교육과 양육에서 벗어나 자율적이고 정서를 어루만져주는 방식이 필요한 때입니다. 학업 성취 향상보다 삶의 개선이 필요하다는 거예요. 삶과 미래에 대해 꿈꾸게 하고 늘 용기를 북돋아주어, 건강하고 단단한 내면을 갖게 해야 합니다. 어떤 문제가 닥치더라도 극복할 수 있는 힘 말이죠. 자신의 삶을 스스로 책임지는 사람이 될 수 있도록 해야 합니다.

엄마도
엄마의 지붕이 필요하다

부모님이 다툴 때 방에서 오들오들 떨고 있는 모습입니다. 그림 전반적으로 두려움과 불안이 드러나 있습니다. 텔레비전에는 가정폭력 뉴스가 흘러나옵니다. 아이의 마음을 대변하듯 창문에는 천둥과 번개가 치고 비가 내립니다. 꽉 쥔 두 손과 앙다문 입으로 두려운 마음을 표현하고 있어요. 따뜻하고 편안해야 할 집에 차가운 바람이 불고 있네요.

가정에서 받은 불안의 경험은 인생 전반에 걸쳐 영향을 줄 수 있습니다. 아이의 그림에 두려움이 비친다면, 이를 읽어주고 안아주어야 합니다.

상처나 트라우마는 사람을 정서적으로 취약하게 합니다. 분노, 두려움 등 부정적인 감정을 조절하지 못하게 하죠. 그림육아든 책육아든, 세상 그 어떤 육아도 부모가 불안한 상태의 육아는 아이에게 좋지 않습니다.

육아를 통해 드러나는 엄마의 내면

부모에게 받은 상처를 내 아이에게 그대로 대물림하는 딜레마를 가진 부모들이 있습니다. 부모가 '내면 아이'를 제대로 돌보지 않고, 어린 시절 품었던 트라우마를 극복하지 못했을 때 생기는 전형적인 상황입니다.

나 자신도 모르고 살아온 어린 시절의 상처가 있지는 않은지 돌아보는 시간을 갖는 것이 반드시 필요합니다. 부모에게 받은 어두운 면을 나도 모르게 우리 아이에게 대물림하지 않기 위해서는 꼭 거쳐야 하는 과정입니다.

특히 요즘 부모들은 전업주부든, 직장인이든 아이를 핑계 삼는 경우가 많습니다. '아이를 키우느라 집에 있다.'라거나, '아이에게 투자하기 위해 일한다.' 같은 식으로요. 하지만 자신의 삶에 대한 불만족감이나 불안함이 아이에게로 귀결되는 것은 잘못된 태도입니다. 결국 부모 스스로 자신의 스트레스 혹은 상처를 제대로 관리하지 못한 것인데 말이죠.

그 이유가 뭐가 되었든 자신의 감정을 인지하고 그 감정의 원인을 알아내려는 노력이 필요합니다. 특히 아이를 키우다보면 전에는 몰랐던 내 모습이 많이 드러나게 됩니다. '내가 이렇게 짜증이 많은 사람이었나?', '내가 이렇게 감정 조절을 못하는 사람이었나?' 등의 생각은 물론, '내 바닥을 보는 것 같다.'라고 생각하기도 해요.

내 결핍을 아이에게 투영하지 말자

혹시 자신이 가진 콤플렉스를 아이를 통해 해소하려는 것은 아닌지도 돌아보세요. 내가 영어를 못했다고 아이에게 무리하게 영어 공부를 시켜 대리만족을 얻으려 한다거나, 어릴 적 꿈인 발레리나를 아이를 통해 이루려 학원을 열정적으로 보낸다거나 하는 사례는 주변에 참 흔합니다.

또 자신의 결핍을 아이에게 투영시키는 것도 옳지 않습니다. 예를 들어 어린 시절 가난한 집안 환경 때문에 하고 싶은 것을 하지 못했던 엄마가 있어요. 엄마는 자신의 아이에게만큼은 하고 싶은 걸 뭐든 다 시켜주고 싶었습니다. 아이는 무용, 연기, 피겨스케이팅까지 하고 싶은 것을 다 말하고, 엄마는 그걸 다 시켜주기 위해 노력합니다. 욕심껏 이것저것 하고 싶어 하는 아이가 기특하면서도, 한두 푼이 아닌 사교육비에 부모는 매일

같이 허덕이고 있습니다.

이렇게 되면 어떤 상황이 벌어질까요? 엄마는 자신도 모르게 아이에게 엄청난 기대를 하게 됩니다. 아이를 있는 그대로 받아들이지 못하고 '내가 이렇게까지 하는데, 이 정도는 해야지.'라는 자신만의 기준으로 아이를 바라보게 되는 것이죠.

물론 부모의 바람을 아이들이 알고 그대로 따라주면 좋겠지만 강요해서는 안 됩니다. 그저 아이들이 하고 싶은 일을 하면서 몸과 마음이 건강하게 자랄 수 있도록 도와주는 게 부모의 도리입니다.

그림육아도 마찬가지입니다. 엄마는 그저 아이가 마음껏 자신의 감정을 그림에 표현할 수 있도록 도와주고 지켜봐주면 됩니다. 그림에 엄마가 안 나오거나 아빠가 빠져 있다는 이유로 꼬투리를 잡으면 아이의 솔직한 마음이 잘 표현되지 않을 수도 있고 아이가 그림을 그리지 않을 수도 있습니다. 아이가 엄마의 바람대로 다 표현해야 한다는 생각을 버리고 시작하면 좋겠습니다.

내 아이를 잘 돌보려면, 나의 내면 아이부터

나의 문제, 나의 상처, 나의 어린 시절에 겪었던 '다시 생각하기 싫은' 일들을 객관적으로 드러내고 다시 바라보는 것은 누구나 힘든 일입니다. 회피하고 싶은 일이죠. 아마 지금껏 그렇게 많은 사람들이 피하며 살아왔을 것입니다.

하지만 아이를 키우는 부모가 되었다면, 필수적으로 자신의 과거를 돌아봐야 합니다. 나의 '내면 아이'를 돌보지 않고, 내 아이를 돌본다는 것은 매우 위험한 일일 수도 있으니까요.

내가 자주 느끼는 부정적인 감정, 아이에게 불쑥불쑥 튀어나오는 원인 모를 감정 등의 실체를 알아낸다면 나 자신과 아이, 배우자를 비롯한 주변 모든 상황이 좋아질 수 있습니다. 혹은 겉으로는 문제가 없어 보여도 속에서 썩어가던 것들을 이제라도 구해낼 수 있습니다. 삶을 대하는 긍정적인 태도만 있다면 누구나 과거의 결핍을 극복하고 성장할 수 있으니까요.

그리고 부모가 이를 극복하고 성장하는 모습을 보는 것은 아이입니다. 아이는 부모를 보고 자랍니다. 부모는 아이의 세상 전부입니다. 자신의 상처를 받아들이고, 자기 자신 그대로를 사랑할 줄 아는 부모에게서 아이는 사랑하는 법을 배울 수 있습니다.

아이의 자아상을 볼 수 있는
HTP검사

병원이나 상담센터를 찾지 않더라도 집에서 쉽게 할 수 있는 그림검사가 있습니다. 바로 심리학자 존 벅John N. Buck이 만든 HTP검사인데요. HTP검사의 HTP는 'House, Tree, Person'의 약자입니다. 말 그대로 집, 나무, 사람을 각각의 종이에 그려 마음을 들여다보는 것입니다. 이 세 가지 그림을 통해 아이의 성격, 행동 양식 및 대인 관계를 파악할 수 있습니다. 아이뿐만 아니라 모든 연령에서도 검사가 가능합니다. 준비물도 아주 간단합니다. A4 용지 4매, 4B 연필, 지우개만 있으면 가능합니다.

먼저 종이를 나눠주고 차례대로 집, 나무, 사람을 그리도록 합니다. 사람을 그릴 때 자신과 반대되는 성의 인물을 그리면 종이 한 장을 더 주고 동성의 인물을 그리게 합니다. 모두 그린 다음에는 그림에 대한 질문을 던집니다.

집 그림은 아이의 가정환경과 대인 관계를, 나무 그림은 무의식적 자아상이 나타납니다. 사람은 자아상과 자신을 둘러싼 환경과의 관계, 즉 자신을 어떤 사람이라 생각하는지를 보여줍니다.

심리학자 로버트 번즈Robert C. Burns는 이 세 가지 그림을 구분하지 않고 한 장에 모두 그리게 했습니다. 세 영역의 상호 관계를 파악하기 위해서입니다. 이는 HTP검사에 동작성을 가미한 것으로 KHTP 검사Kinetic House Tree Person라고 합니다.

KHTP검사는 부모와 아이가 일대일로 진행해야 합니다. 이때 아이의 행동을 잘 관찰하세요. 그림을 그리는 속도, 거침없이 그리는지 아니면 머뭇거리는지, 그렸다 지우는 행동을 반복하는지 등 행동을 살펴보세요. 이러한 행동 역시 그림에 나타나는 상징적인 표현과 마찬가지로 중요한 의미가 있습니다.

KHTP검사는 집, 나무, 사람을 모두 한 장에다 그리는 것입니다. 요소들의 크기와 거리 등을 살펴 아이의 마음을 전체적으로 살펴볼 수 있습니다. 아이가 그린 집, 나무, 사람을 어떻게 해석하는지를 소개해드립니다.

그림검사 진행 순서

❶ 연필, 지우개, 8절 도화지 또는 A4 용지를 준비한다.

❷ 준비한 종이를 가로로 두고 그림을 그리도록 한다.

❸ 아이에게 다음과 같이 지시한다.

"집과 나무 한 그루를 그리고 무엇인가 하는 사람을 그려보자. 사람을 그릴 때는 만화 캐릭터나 선으로만 그리지 말고 완전한 모습으로 그려야 해."

❹ 그림에 대해 질문하고 아이와 이야기를 나눈다.

그림을 보고 아이에게 질문하기

전체적인 느낌은 어때?

누구 집이야?

이 집에는 누가 살아?

이 사람은 누구야?

집에 들어가면 기분이 어떨까? 이 사람을 보면 누가 생각나?

이 사람은 무엇을 하고 있어?

이 사람의 기분을 맞춰볼까?

나무가 살았어? 아니면 죽었어?

나무 이름이 뭘까? 이 나무 마음에 들어?

집 그림으로 마음 읽기

집은 아이가 성장한 가정환경을 의미합니다. 또한 아이의 대인 관계, 가정에 대한 미래의 소망이나 과거의 추억을 나타냅니다.

• 굴뚝

굴뚝은 친밀한 인간관계에서의 따뜻함을 상징하여, 굴뚝에서 나오는 연기의 양과 색깔에 따라 평가가 달라집니다. 연기가 너무 많거나 진하면 애정 결핍이나 가족 간의 불화를 이야기합니다. 굴뚝을 디테일하게 그렸다면 강박이나 예민함을 말해요.

• 문

타인과 소통하는 창구, 즉 대인 관계를 의미합니다. 문을 어떻게 그렸는지에 따라 아이의 성향을 알 수 있어요. 문을 그리지 않으면 정서적인 고립을 의미합니다. 다른 사람들과의 만남을 두려워하는 경우가 많아요. 가족 관계나 대인 관계에서 거리감을 느끼는 거예요. 문이 다른 대상에 비해 지나치게 크다면 남의 시선이나 평가를 과도하게 인식하는 편이라 정신적으로 피곤한 상태입니다. 문에 손잡이뿐만 아니라 여러 장식을 추가로 그리면 대인 관계에 집착하는 경우가 많습니다.

- 창문

　창문은 대인 관계에 대한 아이의 감정을 나타냅니다. 창문을
그리지 않았다면 심리적인 소통의 거부를 의미합니다. 창문을
많이 그렸다면 타인과 관계를 맺으려는 욕구가 크다는 것을 보
여줍니다. 높은 곳에 창문이 있다면 외로움, 감추고 싶은 마음
이 있는 것입니다. 창살을 촘촘하게 그리는 것은 집이 불안정
하고 답답하다고 여기고 안정적인 가정을 바라는 마음이에요.
창문에 커튼을 그리는 것은 아름다운 가정을 바라는 마음입니
다. 완전히 닫힌 커튼은 바깥 환경과의 단절을, 반 정도 열린 커
튼은 바깥 환경과의 통제된 교류를 지향함을 나타냅니다.

- 지붕

　지붕은 자아와 자존감을 보여줍니다. 자신의 생각이나 상상
력을 드러낼 때 가족에게 느끼는 안정감도 보여줍니다. 아이가
지붕을 너무 크게 그렸다면 자기 고집이 있으며 대인 관계에서
문제가 있을 가능성이 있습니다. 반면에 지붕을 선 하나로 그
리거나 약하게 그렸다면 뭔가에 위축되어 있음을 의미합니다.
지붕을 너무 화려하게 그렸다면 허영심이 있거나 욕심이 많음
을 의미합니다. 지붕을 너무 정교하게 그렸다면 강박적인 성향
이 있을 수도 있습니다. 또한 지붕의 윤곽만을 반복해서 그렸
다면 불안감과 두려움을 느끼는 것일 수도 있습니다.

- 벽

벽은 외부로부터 집을 보호합니다. 벽돌로 만들어진 튼튼한 벽은 자아상이 강함을 의미합니다. 대인 관계에서도 거리낌이 없고 자신감이 넘치지요. 반대로 얇은 벽은 아이가 약하고 상처도 잘 받는 기질이며 자신감이 없음을 의미합니다. 경사진 벽은 자아의 안정성이 위협받는 것을 의미하고요. 또한 벽을 그릴 때 경계선을 계속 강조한다면 완벽주의 성향과 자신을 통제하려는 욕구가 강한 아이입니다. 무늬를 세밀하게 그린다는 것도 완벽주의 성향을 의미합니다. 벽 옆에 또 다른 벽을 하나 더 그렸다면 자기방어적인 성향이 강함을 의미합니다.

나무 그림으로 마음 읽기

나무를 통해 아이가 자신을 어떻게 생각하고 있는지를 알 수 있습니다. 나무 그림이 곧 아이의 자화상이라는 이야기도 있어요. 또한 아이의 과거, 미래, 현재도 투영해볼 수 있습니다.

- 뿌리

뿌리가 깊이 뻗어 내려갈수록 두께가 두껍다면 가장 이상적인 형태입니다. 심리적으로 안정되었다는 것을 의미하거든요. 아이가 죽은 뿌리를 그렸다고 말한다면 이는 유아기 때 우울했던 경험을 투영한 것입니다. 뿌리가 없으면 자신감 부족을 의미합니다. 다만 뿌리는 없지만 지면이 있는 경우 자신감은 부족하지만 부모로부터 보호받고 있다는 안정감을 느끼는 상태입니다. 나무를 그렸지만 땅도 뿌리도 그리지 않았다면 현재 우울감이 있음을 알 수 있어요. 어디에도 소속되지 못하며 아무도 의지할 데가 없음을 표현한 것입니다.

• 나무줄기(기둥)

줄기는 나무를 지탱해주는 부분입니다. 이는 상징적으로 아이의 성격이 얼마나 단단한지를 보여줍니다. 에너지, 창조력, 일상에서의 감정을 반영합니다. 줄기에 그림자를 그리면 불안함을, 줄기를 덧칠하면 불편함을 표현한 것입니다. 줄기의 옹이나 구멍은 상처를, 줄기 안의 동물은 보호받고 싶은 마음을 드러냅니다. 줄기가 베어진 그루터기만 그리는 경우도 마음의 상처를 나타내며, 남은 밑둥에서 새싹이 돋아나는 경우는 새출발을 위한 동기부여가 필요하다는 뜻입니다.

• 나무껍질

나무껍질은 아이가 외부 환경이나 타인과의 관계를 어떻게 느끼는지를 보여줍니다. 검은 나무껍질은 낯선 환경에 대한 긴장과 우울, 불안을 의미합니다. 나무껍질을 디테일하게 표현하는 것은 자신을 둘러싼 환경과의 관계에 관심이 높음을 의미합니다.

· 나뭇가지

가지를 통해서는 현재 환경에 대한 아이의 만족도와 소망, 현재에서 더 발전해나가려는 아이의 노력을 엿볼 수 있어요. 좌우대칭을 지나치게 정확하게 표현한 것은 강박적인 성향을 드러냅니다. 꺾인 가지를 그린 것은 상처받은 일로 인해 육체적·심리적으로 후유증과 불안감이 심한 상태를 의미합니다. 버드나무처럼 가지를 밑으로 처지게 그렸다면 과거에 대한 집착과 우울감을 보여줍니다. 하늘로 쭉 뻗어 올라간 가지를 그린 것은 지금에서 한 발 더 나아가려는 아이의 의지를 의미합니다.

· 기타

열매는 높은 의존성을, 꽃은 체면을, 잎은 활력을 상징합니다. 열매나 꽃과 잎이 떨어지는 그림은 누군가에게 거절당했다는 좌절감을 드러낸 것입니다. 나무 주위에 풀을 싱그럽게 많이 그린 것은 아이가 정서적으로 안정되고 감수성도 풍부함을 의미합니다. 가지 위에 앉아 있는 새를 그린 것은 세상에 대한 호기심을 의미하거나 때로는 위축되어 있음을 의미합니다. 날아가는 새는 자유롭고 싶은 갈망을 표현한 것으로 봅니다.

사람 그림으로 마음 읽기

사람은 아이의 의식화된 자아상을 나타냅니다. 그림으로 표현된 사람은 아이의 성격과 감정을 직접적으로 보여줍니다.

- 성별

아이는 처음에는 자신과 동성인 사람을 그립니다. 아이가 본인과 반대인 이성을 먼저 그린다면 성적 호기심이 강하거나 아직 남성, 여성이라는 성 개념이 모호하기 때문입니다.

- 머리

머리는 지적 능력, 인지능력, 통제, 조절을 담당하는 핵심 기관으로 자기통제와 대인 관계 등에 관련된 정보를 보여줍니다. 머리를 너무 크게 강조해서 그린다면 자신을 과대평가하는 것입니다. 머리를 작게 그린다면 무기력, 열등감, 회피 등의 마음이 반영된 것일 수 있습니다. 머리카락은 여성스러움과 외모에 대한 관심을 보여줍니다. 머리카락을 그리지 않거나 어울리지 않게 표현한 것은 신체적인 활력이 떨어졌음을 상징합니다. 멋진 웨이브가 있고 매력적으로 그린다면 자존감이 높고 자신감에 찬 모습입니다.

• 얼굴

얼굴에는 감정과 정체성이 담겨 있습니다. 또한 현실과의 접촉을 말합니다. 이목구비를 디테일하지 않게 표현하거나 이상하게 그렸다면 대인 관계에 어려움을 겪고 있을 수 있습니다. 또한 갈등이 있으면 이를 피하고 과도하게 경계함을 의미하기도 합니다. 그 가운데서도 눈을 그리지 않는 것은 회피적이고 타인을 거부하는 성향을 드러냅니다. 반대로 눈을 너무 크게 그리거나 강조한다면 다른 사람의 시선에 민감하고 의심이 많음을 의미합니다. 눈이 감겨 있거나 크기가 작게 그렸다면 아이의 성향이 내향적임을 이야기해요.

눈, 코, 입을 그리지 않고 빈 채로 두는 경우는 아직 성에 대해 명확한 개념이 없거나 어떠한 갈등이 나타난 상태입니다. 후자의 경우 아이를 잘 보듬어주어야 합니다. 뒷모습을 그렸다면 세상과 마주하기 싫어하는 회피성, 외모에 대한 불만, 자신감 없음을 이야기합니다. 옆모습을 그렸을 경우는 자신감이 부족하거나 소심한 성향임을 이야기합니다.

• 목

목은 상징적으로 이성과 감성을 연결하는 통로이므로, 이를 잘 어우러지게 그렸다면 현재 상황이 편안함을 의미합니다. 목을 안 그렸다면 스스로를 잘 통제하지 못하는 상태임을 이야기합니다. 목의 모양에 따라서도 해석이 다릅니다. 길고 얇은 목은 융통성이 없고 의존적인 성격을, 짧고 굵은 목은 통제력이 부족하고 충동적인 성격을 의미합니다.

· 팔

어떻게 그렸는지에 따라 아이가 자신의 상황에 어떻게 대처하고 자신의 욕구를 어떻게 충족하는지를 들여다볼 수 있습니다. 팔을 다 그리지 않았다면 아주 우울하고 위축되어 있으며 무력감을 느낀다는 의미입니다. 팔 모양도 살펴보세요. 팔이 길고 크면 타인을 통제하려는 욕구나 공격성이 있는 것입니다. 반대로 팔이 짧고 작으면 수동적인 성격이거나 통제를 받고 있다고 느끼는 것일 수 있습니다.

· 손

손은 외부와의 교류를 의미합니다. 손을 그리지 않았다면 다른 사람을 대하면서 불안함을 느낀다는 의미입니다. 주머니에 손을 넣고 있는 그림을 그렸다면 무언가를 회피하고 싶은 마음을 표현한 거예요. 다른 부분에 비해 손을 크게 그리거나 강조했다면 아이가 산만하고 과잉 행동이 있다고 볼 수 있습니다.

- 다리와 발

　다리와 발은 자율성과 안정감을 나타냅니다. 다리를 그리지 않았다면 현재 위축되고 자신감도 부족한 상황임을 이야기합니다. 다리를 길게 그렸다면 독립에 대한 욕구나 과잉 행동이 있을 수 있습니다.

- 몸통

　몸통은 아이가 자신의 신체를 어떻게 생각하는지를 나타냅니다. 몸통을 그리지 않는다는 것은 스스로의 신체상을 잃어버렸음을 의미합니다. 몸통을 다른 부분에 비해 너무 작게 그린다면 신체 에너지가 부족하다는 표현입니다. 몸통을 모나게 그리거나 너무 강조한 것은 외부 세계에 대한 저항감, 적의를 드러내는 것입니다.

PART 2

단단한 내면을 키우는 힘

이 세상에 같은 아이는 없고 같은 그림도 없습니다. 백 명의 아이에게 해를 그려 보자고 하면, 백 개의 다른 해가 나옵니다. 머릿속으로 같은 모양을 떠올렸을지 라도 그것을 도화지에 표현해내는 것은 각자의 마음이니까요.

그림육아의 본질과 그 목적을 파트1에서 이야기해보았습니다. 그럼에도 아마 '어디부터 어떻게 시작해야 할지' 막막하실 거예요. 무엇보다 아이의 그림을 통해 '내가 아무것도 이해하지 못하면 어쩌지?' 하는 걱정도 드실 테고요.

그림육아도 하나의 과정입니다. 연습과 시간이 필요하고, 무엇보다 많은 시행 착오를 겪어야 합니다. 우리 아이와 그림으로 소통하기 전에 다른 아이들의 사례와 그림을 많이 보시는 것 또한 도움이 될 거예요.

이번 파트에서는 정서와 내면을 중점적으로 표현한 아이들의 그림을 보면서, 그에 맞는 솔루션도 함께 이야기해보려 합니다.

스스로 선택하고
결정할 수 있는 기회를 주세요

평소 스스로 결정하는 것을 두려워하고 매사 자신감이 부족한 아이는 그림으로 어떤 표현을 할까요? 이 아이는 자유롭게 행동하면서 뛰고 있는 자신을 그렸습니다. 양쪽 바지 색깔도 다르게 칠했고, 방귀도 뽕뽕 마음껏 뀌면서 신나게 날아오르고 있네요.

아이는 혼자 하고 싶은 것을 마음껏 하는 자신을 그리면서 즐거웠다고 합니다. 부모님의 지시를 벗어난 그림 속 자신이 너무 신나 보여서 마음에 든다고 해요. 그림을 그리면서 억압되었던 스스로를 자유롭게 풀어놓고 해방감을 느끼는 것이죠.

눈떠서 잠들 때까지 부모만 계속 찾는 아이들이 있습니다. '이 거 해줘, 저거 해줘.'라며 매사 보채기도 하지요. 부모에게 의존 적이고 스스로 하지 않으려는 아이는 어떻게 해야 할까요?

어떻게 하면 우리 아이가 자기 일을 스스로 하고, 독립적으 로 자라나게 할 수 있을까요?

'자율성'은 저절로 만들어지지 않는다

먼저 '자율성'에 대한 올바른 이해와 기준이 필요합니다. 아이 가 무엇을 하든 그저 자유롭게 할 수 있도록 두는 것은 자율성 이 아닙니다. 자율성은 스스로 결정하고 주체적으로 행동할 수 있는 능력을 말합니다.

자율성이 낮은 사람은 자신에게 일어난 일을 남이나 외부 환 경 탓으로 돌리고 다양한 핑계를 댑니다. 그 일이 자신의 의지 와는 상관없이 외부의 요인 때문에 결정된 것이라 생각하기 때 문이죠.

이런 생각은 어떤 결과로 이어질까요? 아이는 자신의 행동에 책임을 져야 한다는 사실을 받아들이지 않게 됩니다. 그런 아이 에게 부모는 "그 나이가 됐으면 이제 스스로 할 줄 알아야지." 하고 잔소리를 하고, 아이가 스스로 힘쓰는 것이 없으니 짜증과 역정을 내기도 합니다.

여기서 우리가 기억해야 할 것이 있습니다. 아이의 자율성은 저절로 만들어지지 않는다는 것입니다. 그렇다면 부모는 아이가 자율성을 만들어갈 수 있도록 어떻게 도와줘야 할까요?

먼저 아이가 스스로 선택하고 실패하는 경험을 많이 하도록 도와주셔야 합니다. 아이의 독립성은 아이의 자아존중감과 아주 밀접한 관계가 있습니다. 스스로 할 줄 아는 게 많다는 것, 독립성이 있다는 것이 자아존중감이 높다는 이야기고요.

"아니야, 그렇게 하면 안 돼." "그게 아니고, 이렇게 해야지." 등의 잔소리나 간섭은 아이의 독립성을 떨어트립니다. 아이가 생각한 것을 행동으로 옮기고 그에 따르는 문제는 스스로 해결할 수 있도록 해야 해요. 이것은 반드시 경험을 통해 길러집니다. 실패하더라도 기다려주어야 합니다. 실패도 귀중한 경험이 됩니다. 그것을 어떻게 극복해야 하는지 스스로 찾아야 합니다.

방치하는 것이 아니라 '방목'하는 것입니다. 울타리를 넓게 쳐놓고 그 안에서만큼은 아이가 마음껏 뛰어놀고 선택하고 결정하게 하는 것이죠.

그러나 항상 아이에게 관심을 가지고 있어야 합니다. 큰 울타리 안에서 자유롭게 지내도록 두되 아이가 무엇을 좋아하는지, 무엇을 주로 하고 있는지 등 늘 관찰하여 아이를 알아가야 합니다.

부모는 아이가 길을 찾을 수 있도록 도와주는 사람입니다.

아이의 생각을 존중하고 믿어주고 격려하면 아이의 독립성은 아주 단단하게 뿌리내릴 거예요. 스스로 할 수 있다는 자신감을 심어주고 아이 옆에서 격려해주고 응원해주세요. 그 전에 아이와의 관계가 단단해질 수 있도록 평소 대화하는 시간을 충분히 가져주세요.

"내가 해줄게."는 이제 그만

아이가 무엇이든 스스로 하지 않고 의존적이라면 양육 과정에서 아이의 모든 것을 부모가 대신 해주지 않았는지 돌이켜봐야 합니다.

정신분석학자 에릭슨E.H.Erikson의 '심리사회 발달 단계'에 따르면 우리는 사회와의 상호작용을 통해 심리사회적인 발달을 거칩니다. 그리고 특정 시기에 어떤 갈등이나 문제를 어떻게 해결하는지에 따라 발달의 진전과 퇴보가 결정됩니다.

발달 단계에는 여덟 가지 기본 덕목이 있습니다. 희망, 의지, 목표, 유능감, 충실, 사랑, 배려, 지혜입니다. 이러한 덕목은 아이가 각 단계에서 문제를 해결했을 때 갖출 수 있지요.

첫 발달 단계는 0~1세로 부모로부터 안정과 애착을 느끼며 세계에 대한 신뢰를 형성합니다. 이때 '희망'이라는 덕목이 생깁니다. 2단계는 2~3세로 이때는 세상을 적극적으로 탐색하는

심리사회적 주제 (적응/부적응)	나이	덕목
신뢰vs불신	0~1세	희망
자율성vs수치심, 회의감	2~3세	의지
주도성vs죄책감	4~5세	목표
근면성vs열등감	6~11세	유능감
정체감vs역할 혼미	12~20세	충실
친밀감vs고립감	20~30세	사랑
생산성vs침체	30~65세	배려
자아통찰vs낙담	65세 이상	지혜

| 에릭슨의 심리 사회 발달 단계 |

때입니다. 배변훈련을 시작하는 시기이기도 하지요. 이때 아이
는 "안 해.", "싫어.", "내 거야.", "내가 할 거야." 등의 말을 하면
서 독립심을 표현합니다. '의지'의 덕목이 생긴 것입니다.

이 시기에 아이들은 '나도 할 수 있어.'라고 생각합니다. 그전
에는 배가 고프면 부모가 젖병을 물려줘야 문제가 해결됐습니
다. 하지만 이 무렵에는 '나 혼자서도 할 수 있다.'라는 걸 경험
하면서 자율성이 생기기 시작합니다.

바로 이때, 부모는 아이의 행동에 과도하게 개입하면 안 됩
니다. 부모가 완벽주의거나 깔끔하고 급한 성향일 경우 아이의

도전을 통제하는 경우가 종종 생깁니다. 아이가 조금 부족하게 하거나 해내지 못하는 것을 참지 못하는 것이죠. 이렇게 하면 아이의 자율성은 잘 자라지 못하게 됩니다. 또한 과도하게 자율성을 통제하면 아이는 수치심과 회의감을 느끼게 됩니다.

3단계 4~5세 아이는 자신의 능력을 시험해보고 싶어 합니다. 스스로 '목표'를 세우고 도전하는 인격적 능력이 생긴 것입니다. 이때 부모의 지지가 주도성을 발달시킬 수 있습니다. 반대로 부모가 주도성을 통제하면 아이는 죄책감을 느끼게 됩니다.

4단계 6~11세 아이는 새로운 기술을 배우고 싶어 합니다. '유능'의 덕목이 생긴 것입니다. 이때 부모가 지지해주고 응원해주면 아이의 근면성을 더욱 발달시킬 수 있습니다.

부모가 할 일은 오로지 기다려주는 것

자율성 발달의 결정적 시기를 놓쳤다는 생각은 하지 마세요. 지금도 늦지 않았습니다. 아이가 할 수 있는 건 스스로 하게 해주세요. 아이에게 선택할 수 있는 기회가 없으면, 아이는 상대적으로 유능감과 통제감을 뺏긴다고 여기게 됩니다.

기질에 따라 다르게 나타나는데요. 만약 순응적인 아이라면 순순히 부모의 뜻을 따를 겁니다. 하지만 어떤 아이는 자신을 억압하고 있다가 성장하면서 그 분노를 예상치 못한 방법으로 표출하기도 합니다.

아이 스스로 선택하게 하고 그 선택의 범위를 점차적으로 확장시켜주세요. 먼저 작은 일부터 도전하는 것이 좋습니다. 걱정되고 답답해도 부모는 인내심을 가지고 기다려야 합니다. 그리고 결과보다는 아이가 노력하는 모습과 그 과정에 대해 언급하고 칭찬해주세요.

또한 아이의 선택을 존중해야 합니다. 부모의 역할은 주어진 상황에서 아이가 선택할 수 있는 범위를 알려주는 것입니다. 주어진 상황을 나이에 맞게 설명해주세요. 그리고 그 범주 안에서 아이가 선택한 것은 '좋다', '싫다'를 평가하지 말고 있는 그대로 받아들여 주세요.

예를 들어 부모가 시키기 전에는 학교 숙제를 거들떠보지 않는 아이에게 "지금 숙제해!"라고 지시하는 대신, 지금 숙제를 했을 때의 결과와 하지 않았을 때의 결과를 잘 알려주는 것입니다. 물론 숙제는 학생으로서 의무이므로 '숙제하지 않는다.'라는 선택지는 없습니다. 그러니 '숙제를 하지 않을 수 없다.'라는 상황을 먼저 이해시키고, 다음으로 어떤 숙제를 먼저 할지, 어디서 할지 등 스스로 결정할 수 있는 범주를 정해주는 것이 좋습니다.

아이가 성장하면서 자신만의 감정과 생각, 자기 주관을 갖는 것은 자연스러운 과정입니다. 아이가 어떤 생각을 갖고 있는지,

어떤 방식으로 그것을 표출하는지, 어떤 이유로 그것을 표출하지 못하는지 등 많은 정보가 아이의 그림 속에 있습니다.

아이의 자율성이 건강히 자라고 있는지 알고 싶다면 그림을 찬찬히 살펴보고 질문과 대화를 많이 해주세요. 아이가 그린 대상, 그림의 분위기, 그림에 담긴 이야기, 어떤 색을 쓴 이유, 선을 연하거나 진하게 그은 이유 등 관심을 가지고 이것저것 물어봐주세요.

그림에 표현된 아이의 마음을 읽어주고, 그것을 있는 그대로 인정해주세요. 부모의 든든한 사랑과 격려 속에서 아이의 자율성은 더 단단해질 수 있습니다. 자신이 바꿀 수 없는 상황을 받아들이고, 가능성을 고려해 자기 나름 최선의 선택을 하고, 선택의 결과를 책임지는 힘. 그 자율성의 힘을 가지면 아이는 그 어떤 상황에도 쉽게 부러지지 않고 자신의 길을 찾아나갈 수 있을 것입니다.

알아차리고 받아들이고
표현할 수 있도록

바다 위 아무도 타지 않은 두 대의 배가 힘없이 쓰러질 듯 흘러가고 있습니다. 곧 가라앉을 듯 위태롭네요. 하늘은 어둡고 곧 비라도 내릴 것 같습니다.

　이 아이는 많이 우울하고 힘이 없는 자신의 모습을 그림에 표현했습니다. 이야기를 나눠보니 친구와의 관계가 힘들다고 하더군요. 의사 표현도 어렵고 감정 표현이 서툴다보니 항상 외롭고 슬프다고 합니다. 거센 파도와 같은 고민 앞에 어떻게 해야 할지 몰라 휘청대는 자신의 모습을 그림에 그대로 나타낸 셈입니다.

유치원이나 학교에서 돌아온 아이가 "친구들이 나랑 안 놀아줘."라고 하면 부모는 가슴이 덜컹 내려앉습니다. 요즘 육아 프로그램, 맘카페의 고민 상담 가운데 가장 많은 부분이 바로 아이의 친구 관계라고 합니다.

미술치료 현장에서 감정 표현이 서툴러 친구들과의 관계 맺음을 어려워하는 아이들을 많이 만나왔습니다. 아이들은 아직 정서 언어가 미숙합니다. 그래서 자신의 감정을 잘 드러내지 못하고, 때로는 아예 자신의 감정을 정반대로 표현하기도 하지요.

"그만 울어." 대신 "울고 나서 얘기하자."

아이는 울음으로 처음 세상과 소통합니다. 아파도 울고 배고파도 울고 심심해도 울죠. 그러다 말을 배우면서 좋고 나쁘고 등의 감정을 조금씩 표현하기 시작합니다.

혹시 아이가 툭하면 울거나 삐져서 말도 하지 않는다면 너무 걱정하진 마세요. 아직 정서 언어가 다 발달하지 못해서 그런 거니까요. 서운하거나 힘든 감정, 싫은 감정을 적절히 처리하는 법을 아직 모르기 때문에 울거나 삐지는 것으로 나타나는 겁니다. 아직 유아기에 머문 감정 표현이라고 할 수 있습니다.

특히 아이가 학교에 다니기 시작하면 전에 없던 다양한 스트레스 환경에 놓이게 됩니다. 그 시기의 아이들은 언어 표현 능력과 사고력이 성숙하지 않기 때문에 상담이나 부모와의 대화로는 문제를 해결하기 상당히 어렵습니다.

아이가 울면 부모들은 대부분 "왜 울어, 뚝.", "그만."이라고 하거나 "다 큰 애가 울면 안 되지."라며 행동을 자제시키거나 아이의 감정을 부정합니다. 아이가 우는 상황 자체가 싫다고 해서 아이를 다그치지 마세요. 아이는 더 혼란스럽고 불안해질 뿐입니다. 대신 "다 울고 얘기하자." 하고 아이가 자신의 감정을 있는 그대로 받아들이고 충분히 표출한 뒤, 이를 언어로 표현할 수 있도록 도와주세요.

아이가 울음을 그치고 좀 진정됐다면, 먼저 무슨 일이 있었는지 물어봐주세요. 어떤 일이 있었는지 다 듣고 나서는 그 상황에서 아이가 느꼈을 감정에 대해 알려주세요. 예를 들어 아이가 "친구 생일 파티에 초대받지 못해서 기분이 안 좋아요."라고 말합니다. 그럼 "○○이는 그 친구랑 친하다고 생각했는데 초대를 안 해줘서 서운했구나.", "다른 친구한테만 초대장을 주는 모습을 보고 소외감이 들었구나." 하고 그 상황에 맞는 감정을 인식하게 해주고 공감해주세요.

그러고 나서 왜 그런 상황이 생겼을지 허심탄회하게 이야기를 나눠주세요. "전에 그 친구랑 서로 서운하게 한 적이 있어?", "초대장이 적어서 친구들한테 다 못 준 거 아닐까?" 등 질문하면서 아이가 상황을 차분히 이해해나갈 수 있게 해주세요. 그 과정에서 아이가 슬픔, 억울함, 화남 같은 감정들을 느낀다면 그것을 언어로 드러낼 수 있도록 도와주세요. 그래야만 아이가 스스로 감정을 알아차리고 조절하고 통제할 수 있게 됩니다.

감정을 언어로 표현할 수 있도록

이 시기의 아이들은 점점 관심이 친구들을 향해 가지만, 여전히 부모님의 심리적인 지지와 응원이 각별히 필요한 시기입니다. 아이가 감정 표현에 서툴다면, 더더욱 아이의 이야기에 귀를 기울여주세요.

'엄마는 네 이야기를 귀담아듣고 있어.'라는 것을 아이가 잘 느낄 수 있도록 일단 잘 들어주세요. 가장 쉬우면서 우선적으로 할 일입니다. 자주 안아주고 눈을 마주치면서 아이의 이야기에 반응해주시는 게 좋습니다.

또한 아이가 부정적인 감정에 빠지지 않고, 정확하게 감정을 밖으로 표현할 수 있도록 도와주세요. 예를 들어 친구에게 놀림을 당하며 울기만 하는 아이라면, 친구에게 "그렇게 말하지 마. 네가 그러면 내가 창피해. 이제 그만했으면 좋겠어." 하고 말하는 것이라고 가르쳐주세요. 의외로 그런 상황에 뭐라고 말해야 하는지 몰라서 우는 아이들도 많이 있습니다. '감정을 언어화'하는 법을 계속 알려주세요.

역할 놀이를 해보는 것도 좋습니다. 친구 역할, 선생님 역할 등을 부모님이 해주시면서 아이가 힘들어하는 상황이나 곤란하게 느끼는 상황을 편안하게 일깨워주는 것이죠. 그런 상황에서 상대방은 어떻게 느끼는지, 또 어떻게 말해야 하는지를 자연스럽게 아이에게 보여줄 수 있습니다.

표현할 수 있어야 건강한 관계를 만들 수 있다

아이에게 자신의 감정을 언어로 드러내는 것이 관계를 개선하는 데 가장 효과적임을 알려주세요. 서툴고 느리지만 다양한 상황에서 조금씩 자신만의 감정 표현 노하우를 찾게 될 거예요.

이는 자연스러운 심리치료도 될 수 있습니다. 아이 스스로 문제를 표현하고 재인식하면서 스트레스나 화 같은 감정을 드러내고, 그 감정을 정화하는 방법을 스스로 깨우칠 수 있기 때문이죠. 이런 훈련이 된 아이들은 성장하면서 어떤 심리적 어려움이 와도 비교적 쉽게 안정을 찾을 수 있습니다.

우리 아이가 어떤 어려움을 겪고 있는지 알기 어렵고, 아이 마음을 도통 들을 수 없을 때, 바로 '그림'이 그 매개가 되어 문제해결의 시작점을 열 수 있습니다. 아이가 자신의 감정을 인식하고 조절해 문제를 스스로 해결할 수 있도록 말이죠.

그렇기 때문에 감정 표현이 서툰 이 시기 아이들에게 그림육아는 가장 긍정적인 효과를 줍니다.

감정을 나타내는 그림 속 '선'의 표현

아이가 그림을 그릴 때 선의 표현을 어떻게 하는지 살펴보면 아이가 어떤 감정을 표현하고자 하는지, 어떤 심리 상태인지 들여다볼 수 있습니다.

먼저 강한 선은 긴장감을 표현합니다. 아이의 평소 성격이 독단적일 수도 있고, 현재 공격적인 성향을 품고 있을 수도 있습니다. 반면에 약한 선은 우유부단하고 두려움이 많은 상태로 볼 수 있습니다. 어떤 상황에 적응하기 어려워하고 있지는 않은지 물어보세요.

그림에 직선이 많다면 자기주장이 강하고 우유부단하지 않은 성향을 보이지만, 지나친 경우 융통성이 부족할 수 있으니 주의하세요. 곡선이 많은 경우에는 여성성이 강하고 순종적인 상태일 수 있습니다. 때로 의존성이 강한 상태일 수도 있고요.

때때로 도화지 가득 선을 빽빽하게 그려서 마치 면처럼 표현하는 아이들이 있는데, 이는 내적 긴장감이 높은 상태일 가능성이 커요. 주변 사람들의 말이나 행동에 공격적으로 반응할 수 있으니, 대화를 통해 긴장감을 완화해주고 마음을 이완시켜 주세요.

타인의 기준이 아닌
나의 아름다움 일깨우기

아이들은 10세 전후로 외모에 대한 관심이 커지게 됩니다. 특히 남자아이들은 키와 몸집을 서로 비교하며 집단 내에서 힘을 겨루기를 합니다.

이 그림은 10세 남자아이가 그렸습니다.

수영, 골프, 헬스, 테니스, 축구 등 다양한 스포츠에 관심을 표출하고 있습니다. 모든 스포츠를 멋지게 하고 싶은 마음과 외모에 대한 관심이 높음을 보여주고 있네요.

아이들은 성장하면서 자신에 대한 신체상이 생겨요. '신체상'이란 자기 몸에 관한 심상을 말합니다. 신체적인 차원에서 생각하는 내부적인 이미지와 타인의 생각에 관한 추측이 결합하여 나타나는 것인데요. 자기 몸에 관한 생각, 태도, 감정을 통틀어 신체상이라고 볼 수 있습니다.

자신의 신체가 어떠한지를 인식하는 데서 출발해 자신의 몸을 대하는 태도를 갖게 되고, 이에 대한 만족감을 표현하기도 합니다.

가족과 친구의 평가로 일그러지는 신체상

만 4세부터 신체상이 만들어지면서 다른 사람에 대한 인식도 함께 생겨납니다. 이는 자아와 타인과의 관계에도 큰 영향을 미칩니다.

이 시기의 아이들은 부모나 형제자매의 행동에도 많은 영향을 받습니다. "거울 볼 시간에 공부나 해!", "아이고 이 배 봐. 그만 먹어!"처럼 부모나 형제자매가 아이 신체에 부정적인 지적을 한다면, 이는 그대로 나쁜 신체상으로 이어질 수 있습니다.

최근에는 아이들의 신체적 성숙이 가속화되어 아동기 말(10세~12세 무렵)에 사춘기를 맞는 경우가 많은데요. 저학년일수록 친구보다는 가족, 그 이상의 사춘기거나 사춘기를 지난 청소년은 친구나 또래로부터 영향을 크게 받습니다. 친구가 자신의 신체에 부정적인 평가를 많이 할수록 자신의 몸에 대한 만족도는 낮아집니다.

아이가 미디어나 연예인들의 모습에 관심이 높을수록 외모에 더욱 민감해질 수 있습니다. 부정적인 신체상이 형성되면 외모 콤플렉스가 생길 수도 있습니다.

내가 나를 존중해야 모두가 나를 존중한다

아이가 부정적인 신체상을 갖거나 외모 콤플렉스가 생겼어도, 이는 얼마든지 좋아질 수 있습니다. 아이가 외모에 대해 긍정적인 자아상을 갖고 만족할 수 있게 부모님이 도와줄 수 있는 여러 방법들이 있으니까요.

또래 친구의 영향이 크긴 하지만, 가정에서 외모에 대해 긍정적인 말을 자주 들으면 아이는 반드시 바뀝니다. 사회적인 평가, 타인의 기준이 아니라 우리 가족이 가장 중요하게 생각하는 가치와 좋은 모습을 자주 얘기해주세요. 그로부터 아이는 자신감을 가질 수 있을 것입니다.

자신을 좀 더 긍정적으로 인식하게 되면 타인과의 관계도 긍정적으로 변화합니다. 남들이 아닌 나 스스로 자기 신체에 긍정적인 평가를 하는 것이 가장 중요하다는 점을 알려주세요.

아이와 함께 얼굴과 신체의 특징을 들여다보는 시간을 가져보세요. 그리고 그 특징들이 우리 가족 고유의 역사임을 인식하게 돕습니다. 그 속에 아이도 깨닫지 못한 자신만의 장점과 매력이 숨어 있다는 것을 알려주세요. 또한 외모가 중요하지 않은 것은 아니지만, 그것이 전부가 아니라는 것도 인식시켜주세요. 겉모습을 가꾸는 것이 아니라 나만의 능력을 개발하는 것으로 훨씬 더 중요한 정체성을 찾을 수도 있다고 말해주세요.

그림에는 아이들이 이상적으로 생각하는 외모상이 잘 드러납니다. 여자아이들은 5~7세경부터 '여자 사람'을 많이 그리는데요. 머리가 길고 날씬하고 눈이 큰 모습을 하고 있는 경우가 대부분입니다. 이는 외부에 의해 '이런 모습이 아름답다.'라는 기준이 무의식적으로 생겼기 때문이죠.

다양한 모습의 여자, 남자를 골고루 그려보도록 하는 것도 좋은 방법입니다. 머리가 짧은 여자가 있을 수도 있고, 눈이 작고 개성 있는 표정을 짓는 남자가 있을 수도 있습니다. 사회적으로 보기 좋은 모습만 그리는 게 꼭 문제가 되진 않지만 편견을 조금씩 깨보는 것도 건강한 외모상 형성에 도움을 줍니다.

건강하게 욕구를
충족하는 것의 중요성

큰 공간 안에 지점토로 만든 여자아이가 있습니다. 왼쪽 해바라기도 오른쪽 장미꽃도 아름답게 만들었지만, 이 아이는 가지려 하거나 곁에 가려 하지 않고 저 멀리 뚝 떨어져 있습니다.

아이는 아무것도 하고 싶지 않은 것 같습니다. 예쁜 옷을 입었지만 아무 표정 없이 누워만 있습니다. 아이는 자신이 무기력하고 의욕 없는 상태임을 은연중에 표현하고 있습니다.

'귀차니즘'과 무기력은 어른과 마찬가지로 아이에게도 나타나는 현상입니다. 공부도 하기 싫고, 운동도 하기 싫고, 딱히 나가 놀고 싶지도 않고…. 모든 것에 의욕을 느끼지 못하는 아이 때문에 걱정하는 부모님들이 점점 늘어나고 있습니다.

아이에게 무기력은 왜 나타날까요?

아이가 무기력하다면 먼저 우울감을 느끼고 있는지 살펴보셔야 합니다. 정서 발달이 아직 미성숙한 아이들은 자신의 우울감을 표현하는 방법을 모르기 때문에 '다 하기 싫다', '귀찮다'라는 식으로 상황을 회피하려고 하기 쉽습니다. 일상적인 대화에도 분명한 대답이나 반응을 피하려 할 때가 많습니다. 흥미가 있던 것을 하자는 제안에도 귀찮다거나 나중에 한다는 말만 되풀이 한다면 우울감을 느끼고 있을 확률이 큽니다.

두 번째로 영유아기~초기 아동기에 부모와 애착 관계가 잘 형성되지 못했을 때도 아이가 무기력해질 수 있습니다. 애착 관계가 건강하게 형성되지 못한 아이는 친구 관계를 맺는 데 어려움을 느낄 수 있습니다. 친구 관계에서 좌절을 느끼면 다른 부분에서도 자신감이 많이 떨어지죠. 아이의 자신감은 복합적으로 이루어집니다. 부모와의 결핍이 사회생활에서의 어려움으로 이어지고, 또 그 어려움은 자신감 형성에 매우 치명적인 영향을 줍니다. 결국 이는 '해봤자 안 될 텐데'라는 식의 마음으로 이어집니다.

세 번째로 부모의 과도한 기대가 원인이 되기도 합니다. 부모의 과잉 기대는 아이에게 압박이 될 수도 있는데요. 부모님 입장에서는 격려 차원에서, 응원의 의미로 했던 말에 과도한 기대가 반영되고 있지는 않은지 살펴보셔야 합니다. "우리 딸은 머리가 좋으니 이런 것쯤은 문제없지?", "지난번에 이만큼 했으니 이번엔 그보다 더 잘할 거야." 같은 결과지향적인 응원은 '기대를 저버릴지도 모른다.'라는 두려움을 키울 수 있습니다. 최선을 다했지만 잘 안 될 경우에 대한 불안이 생기는 것입니다. 그래서 섣불리 시도하기가 어려워지면 아이가 점차 무기력해질 수 있습니다.

과잉보호도 마찬가지이죠. 아이의 숙제는 물론 학교에서의 문제도 부모가 대신 해결해주려는 경우를 자주 보는데요. 과잉보호를 받고 자란 아이는 결국 혼자서는 아무것도 하지 못하는 아이가 되고 맙니다. 부모의 과잉보호는 아이 혼자 성취하는 기쁨의 경험을 가로막을 뿐입니다. 또한 부모가 만들어준 성취를 마치 자신이 한 것이라는 착각에 빠지기도 합니다. 아동기를 지나 청소년기에 올라가면 현실과 거짓 성취 사이에 괴리감이 생기고 이는 더 큰 무기력으로 이어지기도 합니다.

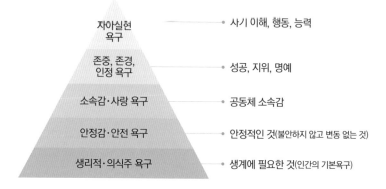

| 매슬로의 욕구 단계설 |

무기력 탈출을 위해서는 욕구를 충족해야

인본수의 심리학을 창설한 매슬로Abraham H. Maslow는 인간의 욕구를 5단계로 구분했습니다. 바로 생리적 욕구, 안전의 욕구, 소속감과 사랑의 욕구, 존중의 욕구, 자아실현의 욕구입니다.

　매슬로에 따르면 인간은 낮은 단계의 욕구가 충족되지 않으면 그보다 높은 단계의 욕구를 충족시키기 위해 행동하지 않습니다. 예를 들어 배고픔이 충족되지 않은 상태에서는 오로지 배고픔을 해결하기 위해 노력하지 배고픈 상태로 소속감을 갈구하진 않는다는 거죠.

　매슬로의 욕구 단계설은 양육에도 적용됩니다. 아이는 자신의 꿈과 목표를 이루기 위해 공부에 매진해야 합니다. 하지만 공부에 매진하려면 앞의 4단계 욕구가 충족되어야 합니다. 많은 부모가 아이에게 "해달라는 대로 다 해줬는데 뭐가 부족해서 불만이야! 너는 시키는 대로 공부나 해!"라고 말하는 걸 자주 들을 수 있는데요. 여기서 부모가 말하는 '해달라는 대로 다 해줬다.'라는 말의 의미는 무엇일까요? 아마도 먹고 자고 입는 것 그밖에 아이가 필요로 하는 물건을 사줬다는 의미일 것이라 생각합니다.

그러나 이는 생리적 욕구와 안전의 욕구만 충족시켜준 것에 불과해요. 가족에게 바라는 애정의 욕구, 존중의 욕구는 아직 해결되지 않은 것이죠. 아무리 똑똑한 아이라도 부모가 사소한 잘못에 야단을 치고 비난하는 상황에서 공부를 잘할 수 없습니다. 부모님이 "잘할 수 있어. 난 널 믿어."라며 응원과 지지를 해줄 때 비로소 자아실현의 욕구가 생기게 됩니다. 더 나아가 꿈과 목표를 위해 노력하고 무엇인가를 이루려는 의지가 생길 것입니다.

실패를 두려워하지 않는 태도

무기력하고 매사 귀찮다는 것은 내가 왜 그 행동을 해야 하는지 이해하지 못한다는 것이지요. 아이가 실수나 실패를 한다면, 비난이 아닌 '나도 할 수 있다.'라는 동기부여와 격려가 먼저입니다. 아이의 기질에 따라 실패를 크게 두려워할 수도 있어요.

이런 아이들은 부모의 감정이나 행동에 매우 민감하게 반응하기 때문입니다.

아이가 어떤 실수를 했을 때, 예를 들면 물건을 떨어트린다거나 물을 엎지르거나 했을 때 부모가 심히 걱정하는 표정이나 화를 내는 모습 등은 아이가 실패나 실수에 대한 두려움을 크게 갖게 되는 원인이 되기도 합니다. 그래서 스스로를 보호하려는 것이 도전을 포기해버리는 행동으로 나타날 수도 있습니다.

실패는 절대로 비난받을 것이 아닙니다. 다만 실패를 했을 때 그것을 통해 배운 점, 어떤 점을 노력하였고 그것의 결과는 이랬지만 과정을 통해 나아진 점 등을 함께 이야기하며 긍정적인 피드백을 주는 것이 좋습니다.

또 주변에 긍정적인 역할 모델이 될 만한 사람이나 유명한 인물을 선정하고 롤모델로 삼거나 배울 점을 상기해볼 수 있도록 하는 시간도 매우 도움이 됩니다. 이는 아이가 실패에 대한 두려움보다는 스스로 어떻게 동기부여를 해나가는지를 자연스럽게 배울 수 있도록 해줍니다.

평소 아이를 대할 때 어떤 태도로 다가갔는지 스스로를 돌아보세요. 편안한 분위기에서 대화할 수 있도록 해주세요. 왜 그렇게 했는지 마음을 묻고 읽어주세요.

규칙적인 일상과
일관된 태도가 중요합니다

엄마와 떨어지는 것이 무섭고 싫은 아이가 그린 그림입니다. 마치 둥지에 있는 새끼 새가 어미 새가 없으면 죽는 것과 같다고 생각한다고 해요. 엄마와 왜 그렇게 떨어지는 게 힘든지 물어보니, 어릴 때 엄마가 외출 후 아무리 기다려도 안 왔던 적이 있다고 합니다. 엄마가 너무 늦게 와서 집 앞 계단에서 추위에 벌벌 떨었는데 춥고 배고프고 무서웠던 기억을 잊지 못하고 있다고요.

아직 엄마와 떨어지기 싫은 마음과 과거의 경험이 더해져 강해진 분리불안이 그림에 표현되어 있습니다.

해마다 3월 초가 되면 초등학교 앞에 익숙한 풍경이 펼쳐집니다. 학교에 입학하거나 새 학년으로 진급하는 아이들이 새 교실로 들어가기 싫어 부모와 실랑이하는 모습인데요.

해마다 새 학기가 시작되면 아이들이 새 학교, 새 선생님, 새 친구들과 만나는 것을 불안해하는 경우가 많아요. 물론 이들 중 대부분은 시간이 지나면서 차츰 새로운 환경에 적응합니다.

그러나 학기가 끝나갈 무렵에도 등교 시간에 교실로 들어가지 못하는 아이들, 하교 시간에 부모가 데리러 오지 않았다고 울상을 짓거나 불안한 표정으로 안절부절하며 휴대전화를 붙들고 부모를 찾는 아이들이 있습니다.

아동기까지 이어지는 분리불안

분리불안은 부모님을 포함한 애착 대상과 떨어지는 것에 불안 증상을 보이는 것을 말합니다. 유아의 분리불안은 6~8개월경부터 나타나기 시작합니다. 10~12개월경이 되면 최고조에 이르고 24개월 이후부터 점차 줄어듭니다. 이러한 분리불안이 발달 단계를 고려하였을 때 부적절하고 지나칠 때 이를 분리불안장애Separation anxiety disorder로 볼 수 있습니다.

분리불안은 애착 관계에 있는 양육자에게서 떨어지는 것을 거부하는 것에서부터 시작됩니다. 아이들은 등교하는 데 어려움을 겪고, 부모와 같은 공간에 있어도 다른 층이나 다른 방에 있는 것도 싫어하면서 떼를 씁니다. 또한 부모가 외출을 하려고 하면 울거나 짜증, 화를 내기도 하지요.

캠프, 체험 활동 등을 가서도 자꾸 전화를 걸어 엄마의 존재를 확인하는 행동, 부모나 자신에게 사고가 나는 꿈을 많이 꾸는 형태 등으로 분리불안이 표출됩니다.

분리불안장애의 원인으로는 여러 가지가 있지만 크게 아이의 기질적인 요인과 양육환경적인 요인이 있습니다.

먼저 긴장, 불안, 걱정, 위축이 높은 경향성을 타고난 '위험회피Harm Avoidance 기질'의 아이일 때 분리불안을 겪을 가능성이 높습니다. 이 기질은 위험하거나 두려운 상황을 경계하고 피하려는 성향인데요. 이런 아이들은 지금 처한 상황과 조금이라도 달라지는 것이 생긴다면 강하게 거부하거나, 적응이 될 때까지 유독 힘들어하는 모습을 많이 보입니다. 아마 이런 아이들은 유아동 시기 어린이집에 적응하는 것에도 어려움을 많이 느꼈을 거예요.

한편 자녀의 요구를 무조건 허용해주거나 과잉 보상을 하는 행동 역시 아이들이 정상적으로 발달하는 것을 방해할 수 있습니다. 부모 자신의 불안으로 자녀를 자신의 옆에만 두려고 하는 과보호적인 양육 태도는 아이의 정상적인 분리 개별화 과정을 방해하여 심리적인 독립을 이루지 못하게 하는 것이죠.

그 외 사고, 사망, 질병과 같은 트라우마 사건을 겪고 난 이후에도 생길 수 있으며 부모의 잦은 부부 싸움과 이혼, 별거 등을 경험하였다면 유기에 대한 불안으로 부모와 떨어지지 않으려 할 것입니다.

일관된 일상과 스스로 선택할 수 있는 기회

그렇다면 분리불안장애는 어떻게 해결할 수 있을까요? 앞서 살펴보았듯 분리불안은 아이의 기질, 부모의 양육 태도, 불안정한 가정환경이 어우러져 증폭됩니다.

먼저 일상을 꾸려가는 데 일관된 패턴을 제공해주세요. 규칙적인 일상은 아이들에게 안정감을 주고 미지에 대한 두려움을 없애는 데 도움이 됩니다. 식사 시간, 취침 시간, 독서 시간 등을 가능한 일관되게 유지합니다.

일정이 변경된다면 아이와 미리 의논하세요. 예고도 없이 일정을 바꾸는 걸 가능한 피하는 게 좋습니다. 규칙적인 일상 속에서 아이는 편안함을 느끼기 때문이지요.

그리고 아이에게 스스로 선택할 수 있는 선택권을 제공해주세요. 아이는 부모와의 상호작용에서 선택권이나 일부 통제 요소가 주어지면 더 안전하고 편안하게 느낄 수 있는데요. 예를 들어 아이에게 등교 시각, 하교 후에 가고 싶은 곳이나 주말에 먹고 싶은 외식 메뉴에 대한 선택권을 주는 것이죠. 학교를 가야 하는 것은 바꿀 수 없지만 그 안에서의 상황, 그러니까 '언제 등교할지는 네가 정할 수 있는 거야.'라는 것을 알려주는 것이죠.

이런 선택권은 아이에게 '내가 나의 선택을 스스로 하고 있다.'라는 감정을 느끼게 해주고, 더 많은 것을 스스로 선택하고 또 스스로 해낼 수 있도록 자신감을 다져줍니다.

다음 상황을 예측할 수 있도록 미리 이야기해주세요

분리불안장애가 일시적이고 심각하지 않다면 행동 수정을 통해 쉽게 개선할 수 있습니다. 혹시 아이와 헤어질 때 작별 인사를 너무 오래 끌며 한다거나, 아이가 울고불고할까봐 시선을 다른 곳으로 돌리고 몰래 빠져나가거나 한 적이 있으신가요? 이는 아이의 분리불안을 더 극대화할 수 있는 행동입니다. 아이가 자신의 다음 상황을 전혀 예측할 수 없도록 만들기 때문이죠.

미리 정한 작별 인사를 한 뒤, 침착한 태도로 한 번에 떠나는 게 중요합니다. 아이가 울거나 떼를 쓰더라도 정해진 인사를 하고 나면 마음을 강하게 먹고 떨어져야 합니다.

대신 그 상황이 되기 전에 미리 반복해서 이야기를 하여 아이가 엄마와 자신의 분리를 예측할 수 있도록 해주세요. '학교 문 앞에서 우리는 헤어질 거야.', 'OO이 혼자 학교로 들어갈 거고 엄마는 회사에 갈 거야.', '이따 인사하고 우리는 하루 동안 각자 할 일을 하고 다시 만나는 거야.' 등으로 말이죠. 혹은 다시 언제 엄마가 데리러 온다거나 하는 다음 기약을 미리 해주어도 좋습니다.

처음에는 힘들겠지만, 일단 작은 성공이라도 한다면 아이가 엄마와 잘 떨어진 것에 대해 칭찬을 해주고 아이가 좋아하는 것 등으로 적당한 보상을 통해 행동 강화를 해주는 것이 좋습니다.

처음에는 잠깐씩 떨어지다가 점차 오랫동안 떨어지는 방식으로 분리불안을 줄여나가는 방법도 있습니다. 즉 혼자서 심부름하기, 등교하기, 따로 잠자기 등의 목표를 세워 하나씩 성취해나가는 기쁨을 주는 것이죠.

물론 무엇보다 가장 중요한 것은 부모에 대한 불신감을 덜어주는 것입니다. 부모와의 관계 회복을 통해 안정적인 유대감을 만들도록 해주세요. 무엇보다 아이가 부모에게 사랑받고 있다는 것을 느끼게 해주는 게 중요합니다.

결과가 아닌
'과정'과 '노력'을 칭찬하세요

운동을 하고 나면 기분이 너무 좋다는 것을 표현한 그림입니다. 특히 우리 팀이 이겨서 칭찬을 받는다면 기분이 최고겠죠. 에너지 넘치는 붉은 불, 힘찬 터치, 함께하는 친구까지 그려서 그림이 활기차 보이네요.

　에너지를 강렬하게 내뿜는 그림은 보는 것만으로도 생동감이 넘칩니다. 굵고 강한 터치, 안정적인 푸른 색감의 바탕색, 옆에 있는 친구보다 훨씬 크게 표현된 자기 자신의 모습 등에서 아이의 자신감과 만족감이 느껴집니다.

누구에게나 인정에 대한 욕구는 있습니다. 하지만 지나치게 타인의 평가에 의존하거나 칭찬과 인정에 목말라하는 아이들이 있죠. 인정에 대한 욕구는 다른 사람이 자신에 대해 긍정적인 태도를 보이기를 바라는 욕구이며, 타인의 인정을 받지 못하거나 호감을 사지 못하는 것을 부정적으로 인식하는 것인데요.

인지행동치료의 창시자 앨버트 앨리스Albert Ellis는 "타인으로부터 인정받고 싶은 욕구는 인간의 자연스러운 본능이지만, 지속해서 변화하는 타인의 평가로 자신의 가치를 인정받으려는 욕구가 지나치다면 우울, 불안 등의 심리적 문제를 초래할 수 있다."라고 하였습니다.

성취를 인정받았을 때 생기는 근면성

어떤 일을 할 때마다 "엄마, 나 잘했지?"라며 칭찬을 갈구하는 아이가 있습니다. 이런 성향의 아이는 늘 주목받으려 하고 다른 사람의 칭찬과 관심을 받고 싶어 합니다. 사소한 칭찬에도 과할 정도로 기뻐하고 부정적인 평가에는 울음을 터트리거나 그 자리를 피하는 등 예민하게 반응하기도 합니다.

에릭슨의 발달 단계에 다르면 6~11세 아이들은 인지적, 사회적 기능을 습득합니다. 이 시기의 아이들은 인정받으려는 욕구와 자신의 능력을 확인하려는 욕구가 강합니다. 성취감을 경험하고, 그것을 인정받은 아이는 근면성을 형성하게 됩니다. 반대로 그런 경험을 많이 갖지 못하거나 과도한 기대나 무관심으로 실패를 여러 차례 겪은 아이는 열등감을 갖게 됩니다.

다양한 문화와 지식을 습득하면서 '인정받는다.'라는 느낌, 성취감을 지속적으로 경험하게 해주는 것이 부모와 선생님의 역할입니다.

형식적인 칭찬은 안 하는 것만 못하다

아이가 자꾸 칭찬받고 싶어 한다는 것은 어떤 의미일까요? 이는 아이가 어떤 일을 하는 원동력을 내적 동기가 아닌 외부에서 찾는다는 것을 의미합니다.

숙제를 마쳤거나 미술활동을 보여줬을 때 로봇처럼 "야, 최고!", "우리 아들 멋지네." 등의 형식적인 칭찬은 하지 않는 것이 좋습니다. '근거가 없는 칭찬'은 오히려 아이에게 왜곡된 자신감을 갖게 합니다.

이랬든 저랬든 늘 쉽게 해내고 웬만하면 칭찬만 받던 아이가 중학교, 고등학교에 가서 학업 성과가 제대로 나오지 않으면 심한 좌절감을 겪는 경우들이 많습니다.

인정받을 만한 성취를 해냈을 때에는 당연히 칭찬을 받아야겠지만, 그렇지 않은 순간에는 칭찬 대신 제대로 된 조언과 격려를 받아야 하겠죠. 칭찬 자체에만 매몰되거나, 칭찬을 받는 것 자체만 목적이 되면 아이는 스스로의 가치가 다른 사람의 평가에 달려 있다고 생각하게 됩니다. 또한 타인의 인정이 없으면 자신은 무가치하고 의미 없는 존재라고 느끼게 됩니다.

무엇을 어떻게 잘했는지 구체적인 표현으로

구체적으로 아이의 동작과 노력을 언급하며 그 근거를 제시해주는 것이 좋습니다. 예를 들면 "그림 정말 잘 그렸다!"가 아니라 "색깔을 정말 다양하게 사용할 줄 아는구나! 그림이 풍성하다."라든가 "사람의 움직임을 생동감 있게 잘 표현했다!" 등 어떤 것을 어떻게 잘했는지 구체적으로 표현해주는 것이죠.

또 하나 중요한 것은 결과물만큼이나 과정과 그 노력을 더 높이 산다는 느낌을 주어야 합니다. 설사 결과물이 실패였다고 하더라도 그 과정에서 아이가 어떻게 했는지에 대해서는 마땅히 인정해주어야 하죠.

"시험 점수는 아쉽지만, 이번 시험 기간 동안 끈기를 가지고 책상에 앉아 노력한 모습이 정말 멋지게 느껴졌어.", "시합 내내 최선을 다해 뛰는 모습이 정말 자랑스러웠어." 등 아이가 노력하였고 그 과정에서 성장했음을 일깨워주어야 합니다.

마지막으로 기억해야 할 것은 '비교하지 않는 칭찬'입니다.

절대적으로 아이에게 집중하여 칭찬해주세요. '네가 훌륭했어.'
이지 '걔보다 네가 훌륭했어.'는 좋은 화법이 아닙니다. 비교는
무의식중에 아이가 잘못된 우월감을 가지거나, 반대로 상대적
인 박탈감을 인식하게 하는 부정적인 프레임입니다.

혹시 나도 모르게 사소한 부분에서 다른 사람과 비교하는 이
야기를 하고 있다면 오늘부터 삼가는 게 좋습니다.

나를 응원하고 존중해주고 있다는 느낌

아이가 한 일의 결과에 초점을 맞추기보다는 어떤 일을 해나가
는 과정, 노력 자체에 초점을 두고 하는 긍정적인 표현을 '격려'
라고 합니다. 격려의 표현은 아이가 외부의 동기에 의존하는
것이 아니라 스스로에게 동기를 부여하고, 자기를 조절할 수
있도록 돕습니다.

미국의 심리학자이자 스탠포드대학교 심리학과 교수인 캐럴
드웩Carol Susan Dweck과 컬럼비아대학교 연구 팀은 뉴욕의 초
등학교 5학년 400명을 대상으로 '칭찬의 효과'에 대한 연구를
진행했습니다.

학생들에게 '지능'과 '노력'에 대해 각각 칭찬을 하고 이들의
역량 변화가 어떻게 다르게 나타나는지에 대한 실험이었습니
다. 결과는 어땠을까요? '노력'에 대해 칭찬받은 집단의 성적이

평균 30%나 더 많이 올랐습니다.

반면 '지능'을 칭찬받은 그룹의 경우, '과정'과 '노력'을 칭찬받은 그룹에 비해 난이도가 높은 시험의 응시를 기피했습니다. 성적도 평균 20%나 떨어졌습니다. 지능에 대한 칭찬은 아이들에게 '혹시 전보다 못하게 되면 내 지능이 낮다고 여겨지겠지?' 하는 걱정과 두려움을 만들어, 오히려 제 실력을 발휘하지 못하게 하거나 스트레스 지수를 더 높이기도 하였습니다.

누군가 나를 응원하고 존중하고 있다는 느낌을 받도록 하는 것이 칭찬의 목적이라고 생각해보는 게 어떨까요. 아이의 장점을 잘 드러낼 수 있는 말을 고민하고, 아이가 무엇을 노력하는지를 잘 지켜봐주세요.

또 무엇보다 공부가 전부가 아니라는 것을, 모두의 강점이 공부일 필요 또한 없다는 것도 알려주세요. 자신의 장점을 스스로 깨달아 자기 안의 잠재력을 찾을 수 있는 힘을 길러주세요. 모든 면에서 최고가 아니어도 자신을 스스로 돌볼 줄 알고 사랑할 줄 아는 아이로 성장할 수 있는 가장 큰 힘은 부모의 말 한마디라는 것도 잊지 마세요.

그림으로 보는
우리 가족의 모습과 학교생활

아이들은 그림에 가족을 자주 등장시킵니다. 실제 우리 가족의
모습을 그리기도 하고 자신의 바람을 담아 그리기도 합니다.
내 아이가 현재 가족을 어떻게 생각하는지, 가족들에게 바라는
것이 무엇인지를 알고 싶다면 KFD^{Kinetic Family Drawings}를 해
보는 것을 추천합니다.

　KFD검사는 심리학자 로버트 번즈와 하버드 카우프만
^{Harvard Kaufman}이 개발한 것으로, 이를 통해 가족의 상황이나
가족 구성원 간의 관계를 파악할 수 있습니다. 아이에게 가족
을 등장시켜 그 가족들이 무얼 하고 있는지를 그려보게 합니
다. 자신을 포함한 가족 그림을 그리되, 어떤 행위를 하는 그림
을 그림으로써 가족의 역동성과 상호작용에 대해 파악할 수 있
는 검사입니다.

단순히 가족 구성원을 그리는 것이 아니라 구성원들이 무언가를 하는 '행위'를 그리는 것이므로 정서적 서리감, 상호작용, 가족의 역할, 행동, 체계 등에 대해 보다 풍부한 정보를 얻을 수 있답니다.

아이가 어떤 문제 행동을 보인다면 그 원인을 찾는 데 가장 중요한 환경적 요인은 바로 가족입니다. KFD검사를 통해서 아이가 가족 내에서 자신을 어떻게 지각하고 있는지, 가족 관계나 환경을 어떻게 지각하고 있는지에 대한 정보를 얻을 수 있습니다.

아이는 자기가 중요하게 생각하는 사람을 그릴 때 그림의 크기와 위치로 표현합니다. 가족 그림에서 누구를 가장 크게 그렸는지, 누구를 자기와 가장 가깝게 그렸는지를 먼저 살펴봐야 합니다. 다시 말해 가장 좋아하는 사람을 자신의 옆에 그립니다.

하지만 그것이 실제 관계가 가까운 것을 의미하지 않을 수도 있어요. 그 대상으로부터 사랑받고 싶은 마음을 표현한 것일 수도 있기 때문입니다. 아이가 자유롭게 가족과 자신을 그릴 수 있도록 해주세요. '마음 가는 대로' 그림을 그려야 아이의 마음을 더 잘 들여다볼 수 있습니다.

그림검사 진행하기

❶ 연필, 지우개, 8절 도화지 또는 A4 용지를 준비한다.

❷ 준비한 종이를 가로로 두고 그림을 그리도록 한다.

❸ 아이에게 다음과 같이 지시한다.

"우리 가족의 모습을 그리는 거야. 다들 뭔가 하고 있는 모습을 그려보자. 너도 포함해서 그려야 해. 사람을 그릴 때는 캐릭터나 선으로만 그리지 말고 완전한 모습으로 그려야 해."

❹ 그림을 다 그리면 어떤 순서로 가족을 그렸는지 기록한다.

❺ 그림에 대해 질문하고 아이와 이야기를 나눈다.

그림을 보고 아이에게 질문하기

◆ 가족이 무엇을 하고 있니?

◆ 가족에게 이런 모습이 흔한 모습이니?

◆ 그림에서 너의 기분은 어떠니?

◆ (함께 사는 가족인데 그림에서 제외되었다면) ○○는 지금 여기 없지만, 어디서 무엇을 하고 있니?

◆ (함께 살고 있지 않은 가족인데 그림에 있다면) 이 사람은 누구니?

◆ 함께 있으면 기분이 어떠니?

◆ 그림에 더 그려주고 싶은 것이 있니?

◆ 그리고 싶은 대로 그려졌니?

◆ 그리기 어렵거나 잘 안 그려진 부분이 있니?

◆ (이해하기 힘든 부분에 대해) 뭘 그린 거니?

◆ 이렇게 그리고 싶었던 이유가 있니?

아이가 그린 우리 가족

• 가족의 행동

한 공간에 함께있는 모습을 그렸다면 안정되고 상호작용이 잘된다는 것을 표현한 것입니다. 한 공간에 있어도 아빠는 텔레비전을 보고, 엄마는 스마트폰을 보고, 동생은 장난감을 갖고 노는 개별 행동을 하는 것을 그려도 일상을 그린 것이니 무조건 정서적으로 상호작용이 없는 거 아닌가 걱정하실 필요는 없어요.

• 그림의 양식

직선이나 곡선을 그려 가족들을 분리할 수도 있습니다. 심리적으로 위축되거나 소통이 잘 되지 않는 가족이라 볼 수 있습니다. 가족 주변을 선으로 둘러싸듯 그렸다면 아이가 폐쇄적이고 두려움과 공포가 있어서 외부와의 소통 단절을 표현한 것이기도 합니다.

• 가족 간 상호작용

누구를 먼저 그리는지 순서와 그림의 크기, 위치에 따라 아이가 가족 구성원에 대해 느끼는 감정을 파악할 수 있어요. 누구를 먼저 그리는지는 가족 내의 서열, 아이에게 의미 있는 대상을 반영합니다. 아이가 자신을 먼저 그렸다면 스스로를 가장 중요한 존재라고 생각하기 때문입니다.

그림에서 가족 구성원의 크기는 가족 내에서 그 사람이 얼마나 힘이 있고 중요한지를 보여줍니다. 누군가를 크게 그렸다면 가족 중에서 영향력이 있고 존경받는 대상이며, 긍정적으로든 부정적으로든 가족의 중심에 있음을 뜻합니다. 반면 작게 그려진 구성원은 존재감이 떨어짐을 의미합니다.

그림에서 가족 구성원의 위치는 아이와 구성원 사이의 정서적인 거리를 보여줍니다. 두 구성원이 서로 가까이 있을 때는 친밀함이 존재함을 의미합니다. 반대로 멀리 떨어져 있다면 상호작용이나 의사소통이 원활하지 않을 수 있습니다.

함께 사는 가족 구성원임에도 그림에서 빠져 있다면 아이와 그 사람 간에 갈등이 있음을 말합니다. 가족이 아닌 다른 사람을 그렸다면 그 사람은 아이의 마음을 알아주거나 의미 있는 존재입니다.

그림으로 보는 아이의 학교생활

부모는 아이의 학교생활이 궁금하게 마련입니다. 친구들과는 잘 지내는지, 새로 만난 선생님은 어떤지, 힘든 건 없는지 등 아이의 일상이 궁금합니다. 하지만 부모가 물어도 잘 대답하지 않거나 대답하더라도 단답형으로 건성으로 대답하는 아이들도 많아요. 이럴 때 아이에게 학교생활을 캐묻기보다는 그림으로 그려보게 하세요. 그림이 아이의 학교생활을 이해하는 데 큰 도움이 되어줄 것입니다.

요즘에는 동적 학교 생활화 검사, KSD^{Kinetic School Drawing}를 하는 경우도 많아요. 심리학자 하워드 크노프^{Howard M. Knoff}와 톰슨 프라우트^{Thompson Prout}가 개발했어요. 학교에서 또래 친구나 선생님이 어떤 행위를 하는 그림을 그림으로써 아이의 교우 관계, 교사와의 관계, 학교에서의 적응도를 이해할 수 있습니다.

물론 이 검사는 아이의 개인적인 감정이 많이 반영된 것임을 감안해야 합니다. 그림을 통해 객관적인 사실을 파악하는 게 아니라 아이와 공감할 수 있는 밑거름을 만드는 게 더 중요해요.

학교 생활화 검사는 그림에서 아이와 친구와 교사의 모습, 형태나 위치, 크기 등 다양한 분석 체계를 바탕으로 아이의 심리 상태를 파악합니다. 아이는 학교 구성원 가운데 가장 지배적인 인물, 즉 영향력이 가장 큰 인물을 가장 먼저 그리고 가장 크게 그리는 경향이 있습니다. 자신 가까이에 그리거나 제일 먼저 그린 대상이 아이가 학교에서 가장 의지하고 좋아하는 사람일 때도 있어요.

한편 자신을 가장 나중에, 무리에서 가장 멀리 떨어진 위치에 그리는 아이도 있습니다. 이런 경우는 아이가 자기 자신을 싫어하거나, 자기 자신이 그 집단의 구성원이 아니라고 생각하며 소외되었다고 느끼는 것입니다.

반대로 자신을 제일 먼저 그린다면 자기주장이 강하고 자신감이 있는 것입니다. 반대로 자신을 가장 나중에 그린다면 내성적일 가능성이 높습니다.

선생님을 중앙에 그리거나 제일 먼저 그린다면, 선생님을 제일 중요하게 생각하는 거예요. 반대로 선생님을 그리지 않는다면 부정적인 감정, 무관심을 표현한 거라 볼 수 있습니다.

PART 3

세상과 소통하는 힘

아이를 키우면서 부모님들이 가장 많이 하는 걱정은 '우리 아이가 밖에 나가서 사람들과 잘 지내야 할 텐데'일 것입니다. 아이는 결국 부모의 품을 떠나야 하고, 홀로 세상에 나갔을 때 잘 살아갈 수 있게 기틀을 다져주는 것이 부모의 가장 큰 역할입니다.

사회성을 타고나는 아이들도 있지만, 이런저런 크고 작은 문제와 고민을 가진 아이들이 사실 더 많습니다. 그럴 때 부모님에게 솔직하고 구체적으로 자신이 처한 상황에 대해 이야기할 수 있다면 좋겠지만, 어떤 이유에서인지 부모님에게 쉬쉬하거나 일단 잘 지내는 척해보려는 경우가 있습니다.

이럴 때 그림은 매우 고마운 소통 수단이 될 수 있습니다. 아이들의 고민은 대부분 그림에 드러나기 마련입니다. 이번 파트에서는 사회성에 관련된 고민을 가진 아이들이 그린 그림을 보면서, 어떤 부분을 도와주어야 하는지 이야기해 겠습니다.

아이의 평소
생활 습관을 점검해보세요

아이는 선생님을 그렸습니다. 눈동자가 강조되어 있고 눈썹도 잔뜩 찌푸리게 그려놓았어요. 선생님이 자신을 신뢰하지 않고 의심의 눈초리로 감시하고 있다는 느낌을 표현한 것이죠. 선생님이 불편하다는 마음을 이렇게 나타낸 것 같습니다.

특히 도화지 가득 선생님의 표정만을 강조한 것을 보면, 학교생활에서 선생님의 존재가 매우 크고 또 무의식중에도 신경 쓰고 있음을 보여줍니다.

아이가 갑자기 "선생님이 싫어. 학교에 가기 싫어."라며 등교 거부를 하면 부모는 당황하게 마련입니다. 별별 생각을 다 하게 되지요. 새로운 환경에 적응을 잘하고 또래 친구들과도 잘 지내서 안심했는데, 등교 거부의 원인이 선생님 때문이라면 고민은 더 커집니다.

사실 이런 경우는 선생님과의 관계만 좋아진다면 학교생활이 전혀 문제없습니다. 하지만 오해나 갈등 상황이 반복되면 관계 회복의 길은 더욱더 멀어지지요. 아이가 "선생님이 나만 미워해."라고 극단적인 이야기를 한다면, 어떻게 해야 할까요?

아이의 평소 생활을 근본적으로 되돌아보기

선유라는 아이의 이야기를 보겠습니다. 선유는 매일 아침 지각합니다. 학기 초 한두 번 지각할 때는 어디가 아픈지, 왜 그런지 묻던 담임선생님이 이제는 친구들이 다 있는 데서 지각하는 걸 혼내거나 비난합니다.

아침마다 늦게 일어난다고 엄마한테는 잔소리를 듣고, 학교에 가서는 선생님에게 혼나고, 친구들에게 놀림까지 받으니 선유는 학교에 가기가 너무 싫어졌습니다. 등교 거부로 이어진 건 어찌 보면 당연한 수순이었습니다.

사소해 보일 수 있는 지각하는 습관은 사실 또래 관계, 선생님과의 관계 등 학교생활의 많은 부분에 부정적인 영향을 미칩니다. 부모가 아무리 잔소리를 해도 통하지 않습니다. 담임선생님에게 핀잔을 들어도 그때뿐이지요.

이런 일이 쌓이다보니 아이는 선생님이 친구들 앞에서 창피를 줘서 서운한 마음이 들고, 혼이 나니까 잔뜩 주눅이 들고 맙니다. 속상한 마음에 엄마에게 "선생님이 나만 미워한다"라며 울음을 터트리기까지 합니다.

아이는 지각 때문에 혼나는 상황에 불안을 느끼고 위축된 상태입니다. 자신을 이해해주거나 이야기를 들어보지도 않고 지각이라는 행동에 대한 비난만 하니 더 억울할 수 있습니다. 하지만 이런 경우에는 아이에게 일어난 일과 감정만 놓고 볼 게 아니라, 아이의 평소 생활 습관을 되돌아봐야 하는 문제입니다.

가정과 학교의 연계가 필요합니다

늦게 일어나는 것은 늦게 자는 것부터 시작합니다. 잘 일어나게 하려면 잘 자게 해야 합니다. 일찍 잠자리에 들 수 있게 아예 하루의 세팅을 다시 해주어야 하는 것이죠.

환경 자체를 바꿔줘야 합니다. 게임이나 텔레비전 시청 시간을 줄이고 최대한 일찍 잘 수 있게 도와주세요. 그리고 평소보다 30분 일찍 일어나 하루를 시작할 수 있게 도와주세요. 아침 시간을 제대로 관리하지 못하면 하루의 전체가 다 흔들릴 수 있다는 것을 인식시켜주는 것도 좋아요.

계획표를 만드는 것도 좋습니다. 등교 준비는 몇 시부터 시작하고, 아침밥은 몇 시까지 먹을지 등을 정해서 지킬 수 있도록 해주세요. 계획표를 아이의 눈에 잘 띄는 곳에 두어 의식하고 실행할 수 있도록 해야 합니다. 이러한 습관을 통해 자기통제력과 두뇌 능력까지 발전시킬 수 있어요. 시간 관리가 모든 일상의 기초임을 상기시켜주세요.

하루아침에 고치기 어려울 수 있겠지만, 가정에서도 조금씩 개선해나갈 수 있게 노력하고 있으니 학교에서도 천천히 지켜봐달라고 담임선생님에게 말씀을 드리는 것도 하나의 방법입니다. 가정과 학교가 연계해 아이가 근본적으로 변할 수 있게 돕는 것이죠.

조금 좋아질 때마다 그에 맞는 칭찬과 격려를 부탁하셔도 괜찮습니다. 이때 아이는 자신이 조금씩 해내고 있다는 것으로 자존감도 높아집니다. 이는 규칙적인 생활에 확실한 동기부여가 될 거예요. 선생님이 무섭고 싫다는 아이의 불만도 자연스레 사라질 것입니다.

사실 확인, 갈등의 원인부터 파악

선유의 사례처럼 아이들이 집에 와 "엄마, 선생님이 맨날 나만 혼내."라고 하는 경우가 있습니다. 분명 전후 상황이 있을 것이고, 아이에게도 잘못이 있을 수 있습니다. 그런데 집에 와 하는 소리만 들으면 정말 억울한 일로 느껴집니다.

그렇기 때문에 아이가 선생님에게 갖는 갈등의 원인을 살펴보는 게 먼저입니다. 선생님이 왜 혼을 냈는지, 아이가 어떤 행동을 했는지 사실관계를 파악해볼 필요가 있습니다.

사실관계를 파악하기 위해서는 아이가 선생님과의 일을 솔직하게 털어놓을 수 있도록 해줘야 합니다. 아이가 한 말 중에 '왜 맨날 나만'이라는 말을 잘 들여다보세요. 거기에는 억울함과 서운함이 있어요. 어른도 그래요. 누군가에게 지적당하거나 나쁜 이야기를 들으면 기분이 좋지 않아요. 아이의 그 마음을 살펴보고 '왜 그런 상황이 생겼을까?', '다음에 그런 상황이 되면 어떻게 하는 게 좋을까?'에 대해 이야기를 나눠보세요.

아이는 자신이 그렇게 잘못한 거 같지 않은데 혼이 나는 상황과 선생님에게 미움받고 있다는 생각 때문에 학교생활이 힘들 거예요. 심지어 담임선생님이 자신은 엄하게 다루면서, 다른 친구들에게는 상냥하게 대하는 모습이 비교되어 당황스럽고 서운하기까지 합니다.

그러나 정말 그런지를 객관적으로 잘 판단해야 합니다. 혼이

나고 기분이 상한 아이는 반발심도 생길 거예요. 그래서 선생님이 자신만 감시하며 혼낼 구실을 찾는다고 생각할 수도 있습니다. 선생님과의 불편한 상황을 해결하려면 아이도 노력해야 합니다. 아이와 함께 갈등 상황을 돌아보고, 선생님과 다시 신뢰를 쌓으려면 어떻게 해야 할지를 점검해보세요.

선생님에 대한 감정을 그림으로 정화하기

학교라는 공간에서 부정적인 감정이 생겨났을 때 어떻게 다루어야 하는지 아이와 함께 고민해보고 연습해보는 것도 좋습니다. 사소한 오해는 부정적인 감정을 더 불러일으키고 상황을 악화시키게 마련입니다.

갈등의 원인과 구체적인 상황을 확인했다면, 이제 사실관계만큼 중요한 아이 마음을 봐야 합니다. 사실과 다르게 왜곡된 선생님에 대한 원망, '나만 미움받는다는' 오해는 아이의 정서에 좋지 않습니다.

선생님에 대한 감정을 그림으로 그려보고, 그에 대해 여러 번 대화를 나누어보는 것이 좋습니다. 또 잘못을 했을 때는 혼을 내고 바로잡아주는 것이 선생님의 역할이라는 것을, 그 또한 아이를 사랑하기 때문에 하는 행동이라는 것을 가르쳐주는 것도 잊지 마세요.

실패해도 괜찮다는
마음가짐을 심어주기

발표가 항상 두렵고 떨리는 아이의 그림입니다. 머리가 하얗게 되어 아무것도 생각나지 않고 눈도 어디를 쳐다봐야 하는지 모르겠다고 해요. 왜 그런지를 물어보니 어릴 때 유치원에서 독창을 하는데 가사를 다 까먹어서 망신을 당한 적이 있다고 합니다. 발표 시간만 되면 그때의 기억이 떠올라 힘들다고 합니다.

틀리거나 실수할까봐 조마조마하고 긴장되는 마음을 그림에 표현했습니다. 한구석에 그려 넣은 시계가 초조한 마음을 나타내고 있네요.

학년별 장기 자랑, 조별 과제, 동아리 신고식, 회사 프레젠테이션 등 많은 사람들 앞에서 하는 발표를 앞둔 이들에게 나타나는 '발표 공포증'이 있다는 사실 아시나요? 심지어 우리나라 성인 가운데 반 이상이 발표 공포증이 있다고 합니다.

발표 공포증이란 많은 이들 앞에서 발표를 하거나 자신의 주장을 전해야 하는 상황에서 발생하는 불안 증상을 말해요. 대부분 두근거림, 과호흡, 팔다리 떨림, 안면 홍조와 같은 신체적인 증상부터 불안, 긴장 등의 심리적인 증상으로 나타납니다. 심지어 너무 불안해 안정제를 먹는 경우도 있죠. 다른 사람들이 자신의 발표를 비웃거나 비난할지도 모른다고 느끼는 것도 모두 발표 공포증에 속합니다.

타인의 시선이 무서운 아이

여러 사람 앞에서 자기 생각과 느낌을 논리적으로 잘 표현한다는 것은 쉽지 않습니다. 그래서 많은 사람 앞에서 발표하는 데 불안을 느끼게 되지요. 타인에게 인정받고자 하는 욕구가 강하거나 타인지향적인 사람의 경우 특히 이러한 불안을 더 강하게 느낄 수 있습니다.

사람들 앞에 서는 경험이 적은 아이들은 실수하지 않을까 더 많이 걱정하고 긴장할 수 있습니다. 행여나 실수를 해서 친구들이 놀리거나 선생님에게 지적까지 받으면 그 후부터는 발표를 아예 하지 않으려고 할 거예요.

정우의 이야기를 해보겠습니다. 정우는 다른 사람들 앞에 나서서 말하는 것이 제일 무서운 아이입니다. 얼굴도 벌겋게 되고 팔다리도 부들부들하고 목소리도 파르르 떨리거든요. 자신을 보는 이들과 눈을 마주치기라도 하면 금방 시선을 돌립니다. 발표 외에 다른 일을 할 때도 다른 사람들의 반응부터 생각하다보니, 시작도 못하거나 시도를 하더라도 망칠 때가 있다고 해요.

남들 앞에 서기를 자신 없어 하는 아이들은 왜 그러는 걸까요? 자신이 하는 일이나 자신에 대해 다른 사람들이 '어떻게 평가'하는지를 먼저 의식하고 신경 쓰기 때문이에요. 발표 그 자체에 집중하지 못하고 주변 시선과 상황에 마음이 가 있기 때문에 정작 제일 중요한 것을 놓치는 것이죠.

모두의 기대에 부응할 필요가 없다는 것

정우에게 가장 필요한 것은 불안을 잠재우고 그 에너지를 지금 해야 하는 일에 쏟는 것입니다. 가장 먼저 '실수해도 괜찮다.'라는 마음가짐이 중요해요. 물론 실수를 하고 많은 사람들에게 웃음거리가 되거나 놀림받는 것을 괜찮다고 생각하고 아무렇지 않게 넘기는 건 쉬운 일이 아닙니다.

하지만 사람들은 의외로 누군가의 실수에 큰 의미를 두지 않습니다. 그 사실을 아이에게 알려주세요. 놀리거나 웃어도 그때뿐이라는 것을요. 중요한 것은 실수도 배움이 있는 좋은 경험이라는 것이지요. 지금의 발표는 다음에 더 잘하기 위한 연습으로 여기면 된다고 격려해주세요.

집에서 상황극처럼 미리 발표하는 연습을 많이 해보고, 발표 내용의 핵심을 숙지해두는 것도 불안을 줄이는 좋은 방법입니다. 무엇보다 아이가 잘해야 한다는 부담감을 내려놓을 수 있게 도와주세요. 타인의 시선과 평가에 연연하다보면 더 불안해지게 마련입니다. 이로 인한 스트레스가 만성적 불안감, 우울, 수치심과 같은 부정적인 감정으로 이어질 수도 있어요.

누구든 모두의 인정을 받을 수 없고, 모두의 기대에 다 부응할 필요도 없다는 것을 아이들이 배워나가야 합니다. 그 과정에서 여러 시행착오를 거듭하며 아이들은 다른 사람들과의 관계에 대해서도 깨닫는 것이 생깁니다. 이 모든 것이 아이가 한 단계 더 성장하는 과정입니다. 아이가 이 시기를 잘 헤쳐나갈 수 있도록 격려하고 지지해주세요.

상황별 대화와 행동을
함께 연습해보세요

이 그림을 그린 아이는 어릴 때 외국에 살다가 한국에 온 초등학생입니다. 학교에서 친구들과 잘 어울리지 못하고 한국말이 서툴러 아무 말도 하지 않는다고 해요. 그림을 그릴 때도 아무 말도 하지 않았습니다.

세 명의 외계인이 우주선을 타고 아이가 탄 비행기를 공격하고 있습니다. 이 그림에 대해 아이와 대화하던 중 세 명의 아이들로부터 심한 따돌림을 당하고 있다는 것을 알게 되었습니다.

아이는 태어나 부모와 애착 관계를 형성합니다. 그러다 어린이집이나 유치원에 다니며 사회생활을 시작합니다. 초등학교에 입학하면 또래와의 관계를 통해 양보하고 배려하는 법, 타협과 조직 생활에서의 규칙 등을 익힙니다.

이 시기에 아이들은 영아기 때보다 사회적으로 더 성숙해집니다. 점점 다른 사람의 관점과 입장을 헤아리게 됩니다. 또래들과 친구 관계를 발전시켜 나가면서 정신적으로 교감하고, 때로는 엄마 말보다 친구 말을 더 따르기도 하지요.

가정에서 먼저 건강한 사회성 경험하기

아이가 무난하게 학교생활을 곧잘 하는 줄 알았다가 어느 날 "누가 누구랑 친한데 나는 안 끼워줘." 같은 말을 듣게 되면 부모는 많이 불안해집니다. '혹시 우리 아이가 따돌림을 당하고 있나?', '요즘 학교폭력도 많다는데 우리 아이가 피해자가 된 걸까?' 등 오만 생각이 다 듭니다.

사회성이 부족한 아이의 경우 학교나 학원에서의 집단생활에 적응하기 힘들어합니다. 사회성 부족의 원인은 유전적 기질, 부모나 환경적인 영향, 신경 발달 상태에 따른 이유, 스트레스와 불안 같은 정서상의 문제 등 여러 가지가 있습니다.

아이의 사회성 발달을 위해서는 먼저 가정 내 안정적인 상호작용을 통해 다양한 인간관계를 경험하고 학습할 수 있도록 도와주어야 합니다. 원만한 상호작용을 경험하지 못한 아동은 행동 양식과 사회규범 등의 문화를 내면화시켜 행동하는 기술이 부족할 수밖에 없습니다. 타인을 배려할 줄 몰라서 관계를 맺는 데 서툰 것이지요.

사회성이란 대인 관계를 원만하게 형성하고, 주어진 환경에 적응하는 능력입니다. 아동기의 사회성은 성인이 되어서도 원만한 대인 관계를 맺는 데 중요한 바탕이 됩니다. 이는 또한 사회적 환경을 접하면서 자기개념을 확립해나가는 데도 큰 영향을 미칩니다.

아동기는 사회화의 폭이 넓어지는 시기입니다. 가정에서 벗어나 또래 관계를 통해 자신의 욕구와 행동을 집단에 맞게 적응시키고 협력하는 태도를 배우는 시기이지요. 즉 사회생활에 적합한 여러 기술과 자질을 학습하는 단계라 할 수 있습니다.

위험 회피 기질이 높은 아이

아이가 또래 관계에서 어려움을 겪는 이유는 선천적인 요인과 후천적인 요인이 있습니다. 선천적인 요인으로는 아이 자신의 기질적 특성이 있으며, 후천적 요인으로는 부모의 양육 태도와 애착 관계 등이 있습니다.

위험 회피 기질이 높은 아이는 예측할 수 없거나 낯선 자극에 긴장감이 높고 실수나 실패에 민감합니다. 안전하거나 괜찮다는 확신을 얻기 전까지는 섣불리 행동하지 않기 때문에 대인 관계에 적극적이지 않고 사회성이 떨어질 가능성이 높습니다.

이때 부모는 아이의 기질을 있는 그대로 인정해야 합니다. "넌 왜 그래? 그냥 같이 놀자고 해봐."라는 식으로 아이를 무작정 떠밀거나 아이의 태도를 부정적으로 이야기하면 좋지 않습니다. 기질에는 좋고 나쁨이 없습니다. 외향적인 기질이 좋은 것이고 내향적인 기질이 나쁜 게 아니니까요. 아이가 자신의 성격이나 기질이 나쁘다고, 열등하다고 생각하지 않도록 격려하면서 조금씩 친구 곁에 다가갈 수 있도록 도와주어야 합니다.

그러려면 우리 아이가 무엇을 어려워하고 힘들어하는지를 파악해야 합니다. 먼저 말을 걸고 다가가는 걸 힘들어한다면, 어떻게 다가가 같이 놀고 싶은 마음을 표현하면 좋을지 함께 고민하고 연습해보는 것이 좋겠죠.

아이가 긍정적인 대인 관계를 모델로 삼을 수 있도록 가정 내에서 부모님끼리, 혹은 양육자 어른들끼리 화목한 모습을 보여주는 것도 중요합니다.

행여 용기를 내어 말을 걸었다가 거절당하거나 끼워지지 않는다고 해도 너무 좌절하지 않도록 지켜봐주는 것 또한 중요합니다. 모두가 나를 좋아하지 않을 수 있고, 나 또한 모두를 좋아하기 어렵다는 것을 덤덤하게 알려주세요.

아이가 거절을 당하면 부모님이 더 속상하기 마련이지만, 겉으로 너무 티내지 마시고 "많이 속상하겠다. 하지만 별일 아니야. 그럴 수도 있어."라고 말해주세요. 거절당하는 순간은 부모님도 아이도 많이 속상하겠지만, 그런 순간들이 쌓여 아이는 성장한다는 것을 잊지 마세요.

대화에도 연습이 필요해요

내향적인 아이들은 대체로 신중한 편입니다. 이런 아이들은 큰 실수를 저지르는 일이 별로 없습니다. 부모 입장에서 키우기 '순한' 아이인 거죠. 하지만 이런 아이들이 예기치 않은 상황이 벌어지면 대처하는 순발력이 부족하기도 합니다.

새 학기가 되어 새로운 친구가 다가와서 "우리 같이 놀까?"라고 하면 "좋아, 우리 뭐 하고 놀까?"라고 되물으면서 아이들은 관계를 형성하는데요. 내향적이고 신중한 아이들은 이런 상황에서 바로 "좋아!"라고 대답하기 어렵습니다. '어떻게 대답해야 하지?' 생각하고 있는 것이죠. 그러면서 아무 말 없거나 머뭇거리는 사이 말을 건 친구는 멋쩍어하며 자리를 뜨거나 다시 놀자고 말을 걸지 않기도 합니다.

아이의 성향이 조심스럽고 신중하다면 부모가 인내심을 가지고 아이를 도와주어야 합니다. 활동적인 아이들처럼 단번에 적극적인 모습이 될 수는 없고, 그럴 필요도 없습니다. 하지만 아이가 친구 관계로 고민하고 있다면, 먼저 다가가거나 어울릴 수 있는 방법을 함께 찾아보고 연습해보는 시간이 필요할 거예요. 마치 놀이처럼 다양한 상황에 대해 대화와 행동을 미리 연습해보면 도움이 될 것입니다.

학교뿐만 아니라 놀이터나 학원 등 다양한 친구와의 만남도 가져보세요. 집에 친구를 초대하는 것도 좋은 방법입니다. 함께 재밌게 놀고 맛있는 것도 먹으면서 관계를 맺는 경험은 아이를 한 뼘 더 성장하게 합니다. 집단생활에서 자연스러운 상호작용을 이끌면 아이의 자존감도 단단해질 수 있답니다.

나의 상처를 안아줄
부모님이 있다는 것

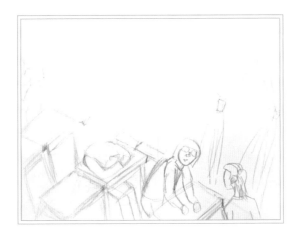

연필로 그린 교실 풍경입니다. 아이는 자신의 모습을 책상 위에 엎드려 자고 있는 모습으로 그려놓았네요. 위축된 자아상을 보여줍니다. 친구들과의 관계가 어렵기 때문에 학교에서 겉돌고 있는 것이라 짐작됩니다. 친구들이 놀아주지 않고 말도 시키지 않는다고 해요. 학교생활이 너무 재미없어서 이곳을 빠져나가고 싶은 마음밖에 없다고 합니다.

색채가 없이 연필 스케치로만 희미하게 완성한 그림에서 아이의 우울이 느껴집니다.

코로나 시국을 거치면서 많은 아이들이 친구를 사귀는 데 어려움을 겪고 있습니다. 학교 대신 온라인으로 수업을 대체하니 친구를 만나지도 못한 데다가 다시 등교를 해도 어떻게 친구를 사귀어야 하는지 모르겠다는 게 문제죠.

한 사람의 삶을 무너뜨리는 '따돌림'

2022년 화제가 된 〈더 글로리〉는 학교폭력을 주제로 한 드라마였습니다. 배우들의 실감나는 명연기는 물론 학교폭력과 집단 따돌림이 사회문제로 다시금 떠오르기도 했지요.

집단 따돌림은 다수가 한 명을 지속적이고 반복적으로 관계에서 소외시키거나 괴롭히는 것을 말합니다. 이는 초기 아동기나 청소년기에 발생할 경우 큰 부작용이 따릅니다. 학교에 제대로 적응하지 못해 학습과 진로 선택을 하는 데 큰 어려움을 겪는 것은 물론, 더 나아가 성격 형성에도 심각한 후유증을 남깁니다. 또한 스스로 자신을 비하하고 가치를 떨어트리면서 우울, 불안, 분노와 같은 부정적인 정서를 경험하게 되지요.

누구나 관계를 유지하려면 노력이 필요합니다. 친구에게 먼저 다가가 그 친구가 좋아하는 아이돌이나 방송 프로그램에 대해 이야기를 나누거나 다른 친구가 곤란한 상황에 있다면 도움의 손길을 내밀어보라고 조언해주세요. 대화에도 기술이 필요합니다.

물론 아이는 큰 용기를 내 다가갔지만 친구가 시큰둥할 수도 있어요. 하지만 꾸준함이 있다면 문제는 없어요. 꾸준히 여러 상황과 마주하면서 아이는 진정 자신의 마음을 알아주고 보듬어주는 친구를 만날 거예요.

집단 따돌림을 당한 아이는 자신감마저 상실하고 상처받은 채로 살아갑니다. 최근 심리상담센터나 정신건강의학과를 찾는 젊은이들이 많아졌습니다. 이들은 불면, 불안, 공황 등 여러 증상을 호소합니다.

이를 들여다보면 아동기나 청소년기에 집단 따돌림을 당한 경험 때문에 치유받지 못한 상처가 깊이 자리하고 있는 경우가 많습니다.

집단 따돌림은 일종의 외상적 사건이라 할 수 있어요. 집단 따돌림의 기억은 전두엽에 저장되어 있지만 그 고통은 변연계에 저장됩니다. 이는 의식하지 못한 채로 오랫동안 자신의 삶에 부정적인 영향을 끼칩니다. 즉, 집단 따돌림은 한 개인의 삶에 지속적인 고통을 초래하는 것이지요.

언제나 아이의 편이 되어줄 거라는 믿음

그 어떤 이유로도 한 개인이 다수에 의해 괴롭힘을 당해서는 안 됩니다. 어떤 잘못이 있어서가 아니라 오직 다른 이들보다 약자라 따돌림이라는 공격을 당한 거예요. 부모님이 할 일은 아이의 고통을 이해해주고 그 터널을 나올 수 있도록 함께 견뎌주는 것입니다.

아이가 하고 싶은 만큼 툭 터놓고 마음껏 표현하게 해야 합니다. 고통은 밖으로 드러내 발산해야 버티는 힘이 생깁니다. 함께 울어주고 공감해주는 부모가 늘 네 곁에 있다는 믿음이 중요합니다.

관계로부터 상처를 입은 아이들은 대부분 주변에 도움을 청하기 어려워합니다. 가장 가까운 부모님에게도요. 이는 따돌림을 당하는 이유가 본인에게 있다고 생각하기 때문에, 자신의 잘못을 털어놓는 것 같아 입을 다무는 것이죠.

아이가 느끼는 속상함, 슬픔, 자책감 등을 말로 하기 어려워한다면 이때 그림이 도움이 됩니다. 아이가 감정을 자유롭게 표출할 수 있는 장을 만들어주세요. 우울감을 끌어안고 있는 대신, 건강하게 분출하고 그것을 부모님이 수용해주는 경험을 하는 것이 중요합니다.

이기고 지는 것보다
더 중요한 것을 알려주세요

이 아이는 시합에서 지지 않을 자신이 있음을 당당히 표현했습니다. 얼굴 표정으로 승자의 여유도 표현하고 배에 '왕王' 자도 그려 넣었네요. 승리했을 때의 기쁨이 그림으로 전해집니다.

이 아이는 열심히 운동해서 코끼리도 이길 정도로 강해지고 싶다 말하네요. 상대를 제압해 이기면 기분 최고라고 말입니다. 뭐든지 이기고 싶고, 지는 게 싫다고 이야기합니다.

게임, 운동, 시험 등등에서 자신이 1등을 하지 못하면 울거나 화를 내고 어떻게 해서든지 1등을 해야 직성이 풀리는 아이가 있습니다.

심지어 친구와 퍼즐을 하다가 지면 자기 퍼즐판은 물론 친구의 퍼즐판까지 쏟아버리는 경우도 있습니다. 급식 시간에 줄을 설 때도, 체육 시간에 옷을 갈아입을 때도 지하철을 타고 내릴 때도 1등을 하고 싶어서 안달일 때도 있지요.

승부에 대한 잘못된 두 가지 태도

많은 부모들이 아이가 상처받을까봐 두려워 일부러 져주기도 합니다. 또는 "왜 너만 이겨야 해? 졌다고 울면 바보지."라고 혼을 내기도 합니다.

이 두 가지 방향 모두 100% 잘못된 것이라 말할 수는 없지만 아이의 성장에는 오히려 역효과를 불러올 수 있어요. 부모가 일부러 져주는 경우가 한두 번 있을 수는 있지만 이런 일이 반복되면 부모가 아닌 친구와의 관계에서 어려움을 겪게 됩니다. 친구와 게임이나 경기를 하다가 지게 되면 아이는 상대를 향해 공격성을 드러내거나, 강한 수치심 때문에 다시는 친구와 그 게임이나 경기를 하지 않으려 할 거예요. 아니면 자신이 100% 유리한 게임만 하려고 들 것입니다.

이에 반해 져서 속상해한다고 혼이 난다면 아이는 앞으로 자신의 부정적인 감정을 표현하지 않을 거예요. 마음과는 다르게 겉으로는 의연한 척, 태연한 척하며 안으로만 분노를 쌓아두게 됩니다. 이러한 분노는 언젠가 뜻하지 않은 상황에서 터질 수도 있습니다.

결과보다는 과정이 중요해요

살다보면 이길 때도 있지만 질 때도 있습니다. 한 사람이 이기면 상대방은 지게 마련이니까요. '이겨야 한다.'가 아니라 승리하기 위한 과정에 더 관심을 둘 수 있도록 해주세요. 평소에도 아이가 이루어낸 결과에 대해 일일이 평가하는 태도는 바람직하지 않습니다.

성적으로 1등을 하고, 달리기도 빠르고, 친구보다 키가 크다는 등의 결과적인 것보다는 잘해보고자 하는 태도나 마음에 긍정적인 반응을 보여주세요. 결과에만 주목을 하게 되면 나중에 만족스러운 결과가 나올 것 같지 않을 때, 지레 모든 노력을 포기해버립니다.

물론 열심히 노력했는데도 져서 속상해한다면 그 마음은 충분히 헤아려주세요. 섣부른 위로나 "졌다고 울면 안 돼."라는 말보다는 "아쉽지? 거의 다 이겼다고 생각했는데."라고 속상한 마음에 공감해주면 아이는 다양한 도전과 경험을 헤쳐나가며 한층 더 성숙해질 수 있을 거예요.

평소 부모님의 말 습관을 확인해보세요

혹시 아이와 놀이할 때, 아이를 놀리거나 약 올리는 말투를 사용하고 있진 않은가요? 아이가 성공할 듯 말 듯한 상황 또는 이길 듯한 상황을 만들면서 "못할 거 같은데?", "이길 수 있을까? 과연?" 같은 말들로 아이의 약을 올리는 부모가 종종 있습니다. 아이가 못하면 놀리기도 하고, 아이 반응을 보며 웃기도 하고요. 부모 입장에서는 아이와 재미있게 노는 것이라고 생각할 수 있지만 아이는 전혀 즐겁지 않아요.

오히려 아이는 화가 나 반드시 이겨야겠다는 생각을 하게 됩니다. 이런 걸 이용해서 '아이의 승부욕을 높여야겠다.'라고 생각했다면, 단단히 잘못 생각한 거예요. 이렇게 가진 마음은 결코 건강한 승부욕으로 자라나지 못합니다.

친구와 다투었을 때 "왜 맞고 와! 한 대라도 때리고 와야지!"라든가 "넌 어떻게 된 애가 매일 맞고만 다니니?" 등의 말은 아이의 마음을 더욱 다치게 합니다. 물론 부모님도 너무 속상해서 하는 말이겠지만, 이렇게 공감받지 못한 아이들은 '내가 무조건 이겨야겠다.'라는 마음만 키우게 됩니다.

자신의 감정을
우선적으로 알아차릴 수 있도록

다른 친구들은 웃고 있지만 한 아이만 무표정한 얼굴로 다른 곳을 응시하고 있습니다. 무리의 우두머리만 채색까지 완성한 것도 눈여겨볼 만합니다. 또래들은 다 자신만만하고 웃고 있지만 무표정한 자기 모습을 통해 현재 느끼고 있는 외로움과 상대적 박탈감을 표현했습니다. 아이는 친구들이 항상 본인에게 부탁을 해서 힘들다고 이야기했습니다. 친구의 부탁을 거절하면 왕따를 당할 것 같아서 거절하지 못하는 게 고민이라고 합니다.

얼마 전 한 어머니께서 "우리 애가 너무 차해서 고민이에요."라면서 하소연을 하셨어요. 정말 아끼는 장난감을 학교에 들고 갔다가 친구도 그게 갖고 싶다고 해서 주고 왔다고요. 친한 친구가 부탁을 하니까 거절은 힘들고 주고 나서는 속이 상해서 우는 거지요.

유독 다른 친구의 부탁을 거절하지 못하고, 자기주장을 하지 않고 고분고분 따르는 아이가 있습니다. 이런 아이를 어떻게 하면 좋을지, 정말 착해서 그런 건지 부모는 속이 상합니다.

착하지 않으면 사랑받지 못할 거라는 생각

'착한 아이 증후군Good boy syndrome'은 부정적인 정서나 자신의 감정들을 숨기고 남의 말에 순종하며 착한 아이가 되려고 하는 경향을 의미합니다. 이런 아이들은 다른 사람의 눈치를 많이 보고, 다른 사람의 인정을 받기 위해 애씁니다.

착한 아이 증후군이 있는 아이와 착한 아이는 다릅니다. 착한 아이 증후군은 속으로는 아니라는 생각을 하면서도 겉으로는 상대방의 말을 고분고분 따르는 것이기 때문이죠. 겉과 속이 다른 거예요.

착한 아이 증후군은 착한 척하지 않으면 사랑받지 못하고 칭찬받지 못할 거라는 믿음에서 비롯됩니다. 아동기에 착한 아이

증후군이 지속된다면 자신의 감정을 너무 억압해 우울증, 무기력증으로 이어질 수 있습니다.

착한 아이 증후군을 앓는 아이는 부모의 사랑을 잃을까 늘 불안해합니다. '내가 착하게 행동하면 아빠, 엄마가 날 칭찬해 줄 거야.'라고 생각하고 칭찬받고 인정받기 위해 행동합니다.

타인에게도 마찬가지입니다. 심지어 자신이 잘못하지 않아도 상대방에게 사과를 합니다. 타인의 평가에 예민하고 부정적인 감정을 나쁘다고 생각하기도 합니다. 감정을 표출하는 대신 무조건 참습니다.

착한 아이 증후군이 성인기까지 이어지면 착한 사람 콤플렉스가 됩니다. 자신이 다른 사람에게 착하게 대하는지, 다른 사람도 나를 그렇게 생각하는지 늘 눈치를 보고요. 누군가가 자신에게 어떤 부탁을 해도 거절하기 힘들어합니다. 상대방이 싫어할까봐 거절을 못하는 거예요. 한마디로 평생을 눈치 보며 사는 거지요.

앞과 뒤가 다른 아이로 자랄 수 있다

착한 아이 증후군을 가진 아이들의 부모님을 보면 짜증이나 분노, 감정이나 욕구를 부정적으로 평가하는 모습을 많이 보입니다. 아이가 이런 행동을 하지 못하도록 유달리 엄격하게 제한하고 훈육하는 경우인데, 그 결과 아이는 부모님이 정한 기준에 맞는 아이가 되고자 자기 자신을 억압하거나 위축된 태도를 가지게 되는 것이죠.

그래서 겉으로 보기에는 모범생처럼 보이지만, 사실은 자신감이 매우 떨어져 있습니다. 앞에서는 하고 싶은 말을 못하지만 뒤에서는 비난을 일삼는다거나 하는 부작용도 나타납니다.

이런 아이들에게 "하기 싫으면 싫다고 해. 왜 그 말을 못 해?"라고 말하는 것은 좋지 않습니다. 그렇게 되기까지 분명 부모님과 양육 환경으로부터 기인한 부분들이 있고, 아이 역시 자신의 그런 모습에 만족하고 있는 경우는 거의 없기 때문이죠.

나의 감정을 우선적으로 알아차리기

그렇다면 어떻게 해야 할까요? 아이 스스로 자신의 욕구를 알아차리도록 해야 합니다. 그리고 아이가 경험하는 욕구와 감정을 충분히 마주하도록 하고 그에 공감해주어야 해요. 맞다, 틀리다 등의 평가나 판단 대신 있는 그대로 받아들여주는 노력이 필요합니다.

또 분노나 짜증 같은 감정은 무작정 부정해야 하는 것이 아니라, 적절히 그리고 건강하게 표현해야 살 수 있다는 것 또한 인식하게 해주어야 합니다.

"너는 어떻게 하고 싶어?", "○○할 때 네 마음은 어땠어?"라는 질문을 통해 아이 스스로 자신의 감정에 대해 생각할 수 있도록 해주세요. 그리고 거절해야 할 때는 구체적으로 어떻게 표현하는 게 좋은지, 친구가 기분 상하지 않게 말하는 법 등에 대해서도 함께 이야기해보세요.

자신이 거절을 하면 상대방이 힘들어하거나 싫어하지 않을까를 걱정하지 말고, 남이 아닌 나 자신이 가장 중요하다는 것을 일깨워줘야 합니다. 이런 아이들은 타인이 어떻게 생각할지에 항상 초점이 맞춰져 있기 때문에, 타인이 아니라 자신이 가장 중요한 존재임을 상기시켜야 합니다.

거절이 무조건 나쁜 게 아니라 거절함으로써 자신의 감정을 솔직하게 표현하는 것임을 알려주세요. 감정에는 맞고 틀린 게 없습니다. 어떠한 평가 없이 있는 그대로 아이가 자신의 감정을 받아들여야 합니다. 그래야 우리 사회의 주체적이고 건강한 일원으로 성장할 수 있습니다.

그림, 감정을 인식하는 가장 좋은 도구

감정을 감추고 타인의 반응과 눈치를 살피며 그에 맞는 태도를 유지하던 아이들은 곧바로 자신의 감정을 인식하는 것을 어려워합니다. 늘 자신의 필요보다는 다른 사람의 요구를 우선순위에 두었기 때문에 내 감정을 읽기가 힘든 것이죠.

이럴 때 그림을 통해 자신의 감정을 시각적으로 표현하는 것이 크게 도움이 됩니다. 마음 가는 대로 선택한 색과 자유롭게 그은 선으로 무의식중에 마음에 있던 장소나 인물을 그리면서 아이 스스로 자신의 감정을 보게 됩니다.

시각적으로 자신의 감정을 인식하는 것만으로도 이 아이들에게는 큰 도움이 됩니다. 내가 진짜 원하는 것을 아는 게 어렵다면, 현재 느끼고 있는 감정이 뭔지부터 하나씩 알아가는 것이 중요합니다.

상대방 입장을
생각하고 이해하는 연습이 필요합니다

아이는 왜 물에 빠졌고, 무슨 생각을 하는 걸까요? 표정만 봐서는 수영이 즐거운 듯하지만, 땀을 흘리는 걸로 봐서는 수영 강습을 힘들게 받고 있는 것 같기도 합니다. 당황스러운 표정도 읽히네요.

아이들의 그림에는 이처럼 아이도 모르게 품고 있는 마음이 표현되기도 합니다. 아이는 신나는 수영 시간을 그렸지만, 그 가운데 자신이 느낀 감정을 그려넣은 것이죠.

어릴 때부터 타인의 감정에 공감을 잘하는 아이가 있습니다. 반면 엄마가 힘들든 말든 친구가 슬프든 말든, 둔감하고 눈치 없는 아이를 둔 부모는 아이가 친구들과 잘 어울릴 수 있을지 걱정되기도 합니다.

상대방의 입장을 이해하는 것부터 시작

발달심리학 이론 중 하나인 '마음 이론ToM:Theory of Mind'은 타인의 행동을 이해하고 다음 행동을 알기 위해 다른 사람의 생각이나 믿음, 의도, 바람을 인식하는 선천적인 능력에 대한 이론입니다. 쉽게 말하면 '공감 능력'에 대한 것이라고 할 수 있습니다. 최근에 아이가 공감 능력이 떨어지는 것 같다고 걱정하는 부모들이 많아지고 있습니다.

기질적으로 다른 사람의 감정에 둔감한 사람이 있습니다. 예를 들어, 친구가 가족여행을 떠나기로 했는데 날씨 때문에 가지 못해 실망할 때 어떻게 반응해야 하는지에 대해서는 학습을 통해 변화할 수 있습니다. 그렇지만 실망하는 친구를 보면서 느끼는 감정은 학습이 아니라 뇌를 통한 자동 반응이기에 선천적인 기질과 연관성이 높습니다.

부모는 아이의 감정을 언어로 읽어줍니다. 그리고 아이는 자신의 감정을 인지하는 과정을 배우지요. 자신의 감정 상태를 아는 것은 상대를 이해하는 바탕이 됩니다. 그래서 상대방의 입장을 이해하는 역지사지가 가능해지고, 공감 능력도 생깁니다. 그리고 또래, 어른들과의 관계 경험을 통해 사회적인 기술을 익힙니다. 이런 발달 과정의 중요한 단계에서 다양한 이유로 결핍이 생길 때, 아이의 사회성에도 문제가 생기기 쉽습니다.

공감 능력을 키울 수 있는 것들

공감 능력에 어려움이 있다는 생각이 든다면 지금부터 가족들과 함께 다음 소개하는 것들을 한번 해보세요.

- 역할 놀이

역할 놀이는 다양한 연령대에서 문제를 해결하는 데 활용됩니다. 역할 놀이는 상대방이 어떤 의도로 그런 행동을 했는지를 이해하는 데 도움이 돼요. 친구와 대화하거나 갈등 상황을 연출한 뒤 각자의 입장을 이야기하고 서로의 감정을 추론해보는 놀이를 해보세요.

- 감정 일기 쓰기

역할 놀이가 잘 맞지 않는다면 다른 사람의 감정 일기를 쓰는 활동을 해보세요. 아이가 친구와 싸웠다면 그 친구의 입장에서 일기를 써보는 거예요. 친구의 물건을 실수로 깨트리거나, 놀다가 삐져서 싸우거나 다양한 상황을 상대방의 입장에서 살펴보는 것이지요. 아이가 상대방의 입장을 이해하는 게 어렵다면 옆에서 부모님이 이끌어주어도 좋습니다.

• 연재만화 대화

한 컷 만화나 여러 장면으로 연결된 만화를 보면서 그림 속에 나타난 주인공의 생각과 느낌을 이야기해봅니다. 예를 들어 엄마와 아이가 갈등 상황이 있었다면 그것을 간단히 만화로 그려서 엄마의 생각과 말을 말풍선에 씁니다.

아이도 마찬가지입니다. 서로의 생각과 말을 말풍선에 씀으로써 서로의 생각이 어떠했는지, 표현할 때 어떤 문제가 있었는지를 알게 될 거예요. 더 나아가 오해한 부분이 있는지 대화를 할 때 개선점은 어떤 게 있는지 대화할 수 있습니다.

행동 뒤에 있는
아이의 감정을 읽어주세요

화가 난 소를 잘 표현한 그림입니다. 검은색, 붉은색, 파란색의 강렬한 터치로 화가 난 감정을 그대로 표현하고 있어요. 성난 황소는 금방이라도 그림 밖으로 나올 듯 뜨거운 김을 내쉬고 있습니다.

　화가 날 때 아이는 갑자기 황소가 됩니다. 힘이 세지고 거칠게 행동하게 됩니다. 어떨 때는 본인도 스스로가 무서울 정도래요. 주변에 물건을 던지거나 친구를 때리기도 합니다. 아이가 화를 가라앉히고 싶을 때 어떻게 해야 할지 다양한 방법으로 대처법을 찾게 해주고 싶습니다.

아이가 학교에서 친구를 자꾸 때려서 걱정이라는 부모들이 많습니다. 물론 '애들은 싸우면서 크는 거지.'라며 대수롭지 않게 생각하는 분들도 있을 거예요. 그런데 학교에서 담임선생님으로부터 전화도 자주 오고 상담을 권한다면 쉽게 넘길 수 없습니다.

갈등을 어떻게 해결하는지 보여주세요

먼저 우리 가정의 모습은 어떠한지를 살펴보세요. 부부 싸움을 자주 하는지, 부부 싸움을 하다가 폭언이나 폭력이 오간 적이 있는지를 돌아보세요. 부모는 아이의 거울입니다. 평소 부부가 갈등 상황에서 폭력이나 폭언을 행사했다면 아이도 친구에게 그대로 따라할 확률이 높습니다.

인간은 직접적인 경험이나 보상을 통해서만 배우지 않습니다. 다른 사람의 행동과 그 결과를 관찰하는 것만으로도 모방 학습이 가능합니다. 이를 '관찰 학습Observational learning'이라 합니다. 부부 싸움이 끊이지 않거나, 부모의 언행이 거칠게 오가는 가정환경이라면 아이들도 그대로 따라 할 가능성이 높습니다.

살다보면 부부 싸움을 아예 안 하는 것은 불가능합니다. 가능하다면 아이에게 좋지 못한 부부 싸움을 보이지 않고 서로 대화로 해결하는 게 좋습니다. 부모님이 서로 갈등을 어떻게 해결하는지를 보여주는 것도 양육 과정 중 하나입니다.

이유 있는 도구적 공격

이성적 판단이 가능해지는 7세 이전에 나타나는 공격은 주로 '도구적 공격'이라고 볼 수 있어요. 피아제의 인지 발달 이론에 의하면, 아이가 전조작기(만 2~7세)에서 구체적 조작기(만 7~11세)로 발달하면서, 이전의 자기중심적 사고와 겉으로 보이는 모양에 사고가 좌우되는 지각적 사고에서 벗어나 과학적 사고를 하고 이성적 판단이 가능해지기 시작합니다.

　여기서 도구적 공격이란 누군가를 괴롭히고 다치게 하거나 미워서 하는 공격이 아닌 자신의 욕구를 충족시키거나 목적을 이루기 위해, 자신에게 위험이 발생했을 때 반사적으로 이루어지는 공격입니다.

　예를 들면 용돈을 모아 어렵게 산 로봇을 가지고 놀고 있는데 평소 자신의 물건을 자주 뺏어가는 친구가 가까이 다가온다면 본능적으로 빼앗기지 않기 위해 친구를 밀쳐내거나 소리칠 수 있을 것입니다.

　이러한 도구적 공격성은 의사 표현 방식의 하나로 대부분 성장하면서 자연스럽게 사라집니다. 아동기가 되면 대화와 같은 평화적인 방법으로 갈등 상황을 해결하게 되면서 공격적이거나 반사회적인 행동이 점차 줄어들기 때문이지요.

행동 이면의 감정을 어루만져주세요

도구적 공격성을 다루기 위해서는 아이의 행동보다 감정에 주목하고 공감하기 위해 노력해야 합니다. 먼저 아이의 행동이 다른 사람을 아프게 한다면 그 행동 자체가 옳지 않다는 것을 가르쳐야 합니다.

그런 뒤 스트레스를 경험하는 상황에서 폭력을 사용하지 않고 말로써 해결하는 방법을 구체적으로 알려주세요. "친구가 로봇을 또 가져갈까봐 걱정됐구나. 그렇다고 친구를 밀치거나 때리면 안 돼. '내 로봇이야! 가져가지 마.'라고 말했는데도 친구가 가져가버리면 선생님이나 엄마한테 말하렴."

아이가 스트레스를 경험할 때가 주로 언제인지를 알고 대처할 방법을 알게 되면 공격적인 행동도 줄어듭니다. 더불어 아이가 공격적인 행동을 보이고 분노 조절이 어렵다면 그 원인을 찾는 게 먼저입니다. 미술활동 가운데 점토 만들기나 종이 찢기 등을 통해 자신의 감정을 표출시키고 정화시킬 수 있도록 해주세요. 이러한 미술활동을 통해 스트레스나 화 등 부정적인 감정을 분출시켜 한 발 더 성장할 수 있도록 도와주어야 합니다.

가족은 아이가
처음 만나는 '세상'입니다

엄마는 잔소리쟁이랍니다. 엄마는 더 이상 놀지 말고 공부만 하라고 합니다. 아이는 눈물을 흘리며 아무 말도 하지 않고 있습니다. 엄마랑 다정하게 놀고도 싶고, 오늘 있었던 일도 이야기하고 싶은데 엄마는 내 말을 듣지 않고 공부 이야기만 합니다.

　화난 엄마의 표정 아래 주눅 든 아이의 모습이 담겨 있습니다. 공부 말고 사랑을 더 달라는 마음, 더 놀고 싶은 아이의 마음이 보이는 그림입니다.

"부모님이 자주 싸워요. 매일매일 싸웠는데 이제는 이혼한다는 말까지 나왔어요. 제가 어떻게 해야 할까요? 저 때문은 아니겠죠? 도무지 방법을 모르겠어요."

아이들이 느끼는 대표적인 스트레스 중 하나가 부모의 싸움입니다. 부모의 싸움을 목격한 아이가 느끼는 불안과 공포는 부모가 생각하는 이상으로 큽니다. 이 때문에 아이는 트라우마를 겪기도 합니다.

아이 인생 전반을 좌우하는 부모의 모습

미국 로체스터대학교와 미네소타대학교 그리고 노터데임대학교의 공동 연구 팀은 부모가 오직 전화로만 싸우는 모습을 본 아이의 소변 검사를 실시하였습니다. 그 결과 스트레스 호르몬인 코르티솔 수치가 현저히 올라가 있었습니다. 전화로만 싸우는 모습을 보았을 뿐인데도, 큰 스트레스를 받았다는 것이죠.

부모의 싸움 앞에서 아이가 할 수 있는 건 고작 귀를 막거나 우는 것밖에 없어요. 이 과정에서 아이는 부모에게 완전히 버림받았다는 느낌을 받고 이는 고립감으로 이어집니다. 이러한 경험은 트라우마로 남아 아이의 인생 전반에 영향을 미칩니다.

가능하다면 아이 앞에서는 부부 싸움을 하지 않도록 하세요. 말다툼하는 모습을 어쩔 수 없이 보였다면 아이에게 잘 설명을 해주세요. "지난번에 ○○이랑 무슨 놀이를 할지 이야기하다 다 퉜지? 엄마랑 아빠도 서로 의견이 달라서 잠시 다툰 거야."라고 상황을 꼭 이야기해주세요.

무엇보다 엄마랑 아빠가 싸우는 것이 아이 때문이 아니라는 걸 인지시켜주세요. 더불어 갈등 상황이 해결되고 잘 지낼 거라는 신뢰와 안정감을 반드시 심어주어야 합니다.

살다보면 어른이든 아이든 갈등은 피할 수 없어요. 부부가 순간의 감정 때문에 욱해서 폭력적인 모습을 보이면 이는 아이에게 깊은 상처로 남습니다. 부모는 살면서 생기는 갈등을 어떻게 대하고 풀어가는지를 직접 보여주는 모델이 될 수도 있습니다.

부모는 서로에게 든든한 파트너이자 양육자로 한 아이가 가정에서 건강한 어른으로 독립할 수 있도록 거들어야 합니다. 아이와 함께 부모도 성장해야 한다는 사실을 잊지 마세요.

"공부하라는 엄마 잔소리 때문에 스트레스 받아요."

아이를 키우면서 공부 때문에 시끄럽지 않은 집은 거의 없을 거예요. 특히 아이가 10대가 되면 학업으로 인한 갈등이 점점 심해지는 경우가 많습니다. "공부 스트레스는 부모 때문이다." 라는 말이 전적으로 맞다고 할 수는 없지만, 여러 연구 결과를 살펴보면 학업 성취에 대한 부모의 과도한 기대와 압박은 공부 스트레스에 영향을 미치는 중요한 요인 중 하나입니다.

공부 때문에 힘들어하고 매사 의욕이 없는 아이들이 있습니다. 어떤 부모는 매사를 공부와 연관 짓기도 하고, 시험 결과가 나오면 유독 화를 많이 내기도 합니다. '내가 너를 어떻게 키웠는데!'라는 말과 함께 시간표도 다시 짜는가 하면 유명하다는 학원에 데려가기도 합니다. 그러다 아이가 기대만큼 따라오지 못하면 화부터 냅니다.

아이는 부모의 기대에 부응하기 위해 애쓰는 과정에서 압박감을 느끼고 시험 불안, 스트레스 등을 겪을 수 있습니다. 이는 자기 효능감을 낮추고, 끈기 있는 학습 태도에 오히려 부정적인 영향을 끼칠 수 있습니다.

이러한 상태가 지속되면 아이는 공부 자체를 멀리하고 학습과 관련된 모든 자극들을 혐오 자극으로 인식하게 됩니다. 공부가 숙제가 아니라 앎의 과정이라 생각할 수 있도록 아이 수준에서 해결하기 쉬운 과제부터 시작하세요. 문제를 잘 해결했을 때 부모의 든든한 지지와 격려는 필수입니다. '실패해도 괜찮다.'라는 걸 이야기해주고 실패에 대한 두려움을 덜어낼 수 있도록 도와주세요.

'왜' 공부를 해야 하는지 함께 고민하는 시간

아이가 공부에 흥미를 느끼기도 전에 부모가 의욕적으로 학습 자극을 주고 교육에 앞장섰다면 역효과가 날 수 있어요.

아이는 부모가 자신의 성적에만 관심을 갖고 정작 자신의 마음 따위는 아무 관심도 없다 생각하기도 합니다. 공부하라는 부모 목소리만 들어도 소름이 끼칠 정도라고 말해요.

결과적으로 아이는 학업 스트레스 때문에 불안정, 긴장, 좌절감 등 정서적인 어려움을 겪게 됩니다. 부모 스스로 인내심을 갖고 지지를 해주는 환경이 아니라, 제재와 처벌이 상대적으로 많았던 것은 아닌지 되돌아보세요.

그리고 아이의 학업 스트레스를 제대로 진단해봐야 합니다. 먼저 아이의 학업 수준이 어느 정도인지 객관적으로 파악해보는 게 중요합니다.

'왜 공부를 해야 하는지'를 고민하는 아이들도 많습니다. 뚜렷한 목표가 없기 때문입니다. 아이의 동기부여를 위해 미리 진로 계획을 함께 세워보는 것도 좋아요.

공부하기 싫어서 복통이나 두통을 앓는 친구들도 많습니다. 마음의 문제일 확률이 높습니다. 좋아하는 음악이나 심호흡을 통해 마음을 안정시킬 수 있도록 도와주세요.

무조건 성적이라는 결과에 집착하는 것보다는 학업 스트레스를 덜어내고 스스로 노력하는 과정을 칭찬해주세요. 다양한 기회를 통해 서로의 마음을 터놓을 수 있는 대화도 잊지 마세요.

학업에 대한 스트레스를 건강하게 해소하는 방법

그림 그리기에 재미를 붙인 아이들은 미술시간을 좋아하게 됩니다. 학교에서도 미술시간을 기다리게 되고, 미술 자체를 더 깊이 배워보고 싶어 하는 아이들도 생기죠.

아이가 공부를 하기 싫어하거나, 학업에 싫증을 느낄 때 무조건 책상 앞에 앉아 있게 하기보다는 환기를 시켜주는 편이 훨씬 능률에 도움이 됩니다. 그때 게임을 하거나 영상매체를 보는 것보다는 놀이처럼 그림을 그리며 쉬게 해주세요.

처음부터 쉽지는 않겠지만, 부모님이 적극적으로 제안하며 이끌어주면 어렵지 않습니다. 만다라 컬러링북이나 패턴 칠하기 등 집중력을 향상시켜주는 활동도 있고요. 미술활동을 적극 활용해볼 수 있습니다.

아이들끼리
해결할 수 있도록 기다려주기

많은 사람들이 형제자매끼리 싸우는 건 당연하다고 합니다. 이 그림을 그린 아이는 동생과 싸울 때마다 본인이 형이라 잘못했다고 해야 하고, 동생에게 양보해야 하는 게 억울하다고 합니다. 고자질만 하는 동생도 너무 밉고요. 분명 동생이 잘못했는데 왜 매번 형이라고 당해야 하는지 그게 제일 속상합니다. 동생도 엄마도 밉고 어떻게 해야 할지 몰라 고민이라고 해요.

아이는 부모의 인정과 애정을 받고 성장합니다. 아이가 상처받지 않고, 형제자매와 불필요한 다툼을 일으키지 않도록 마음을 잘 읽어주세요.

"내놔, 내놓으라고. 너 저번에도 갖고 놀다가 망가트렸잖아."

"나도 갖고 놀고 싶다고!"

잘 노는 듯하다가 틈만 나면 싸우는 아이들 때문에 걱정이라는 부모들이 많습니다. 동생은 "엄마는 형 편만 든다." 하면서 울고 형은 "엄마는 왜 나보고만 참으래." 하면서 또 울고불고…. 매일매일 벌어지는 네버 엔딩 스토리이지요.

아이들이 도움을 요청할 때 개입하세요

아이들은 부모로부터 사랑과 인정을 받고 싶어 합니다. 그러니 태어나는 순간부터 함께한 형제자매는 친구이자 영원한 라이벌일 수밖에 없습니다. 경쟁심과 편애에 따른 질투, 부모의 애정을 독차지하고 싶은 심리, 부모의 관심을 끌기 위해 사사건건 싸웁니다. 어쩌면 형제자매 간의 크고 작은 다툼이나 경쟁은 지극히 당연한 일입니다.

형제자매 관계는 아이가 맺는 최초의 사회적 관계로, 아동의 또래 관계 형성에도 큰 영향을 미칩니다. 갈등도 있지만 늘상 함께 노는 친구로서의 역할도 서로 배웁니다.

놀이터에서 따로 놀다가도 어느 한쪽이 공격받거나 위험에 놓이면 서로를 보호하기도 하지요. 이처럼 늘 평화롭고 고요하기를 기대하기 힘들지만, 형제자매 간의 역할, 욕구 그리고 갈등의 원인을 알고 대처한다면 불필요한 작은 다툼이나 경쟁은 피할 수 있습니다.

형제자매 간에 갈등이 생기면 부모 입장은 참 곤란합니다. 대놓고 누구 편을 들 수 없으니 일단 야단부터 치고 봅니다. 그러다 서로 서운한 상황이 되기도 하지요.

어떻게 중재할지, 언제 중재할지가 고민입니다. 어설프게 중재했다가는 싸움만 더 커지고 관계를 악화시킬 수도 있거든요.

갈등의 초기보다는 아이들이 도움을 요청할 때 개입하는 게 좋습니다. 서로 갈등을 해결할 수 있도록 지켜봐주는 것도 좋아요. 아이들끼리의 문제는 아이들끼리 해결해보도록 일단 믿어주는 것이 중요합니다.

부정적 감정을 말로 표현하기

"말로 해, 왜 그래?" 부모가 이렇게만 말하면 아이는 어떻게 해야 할지 모릅니다. 감정을 표현하는 법을 알려줄 때는 구체적인 단어로 짚어줘야 아이가 쉽게 이해할 수 있습니다.

"형이 때려서 놀랐지?", "동생이 네 숙제를 망쳐서 속상했지?" 등 감정 언어를 섞어 말하는 법을 알려주세요. 예를 들면 "'형, 나 그것 좀 빌려줘'라고 말하는 거야."라고 일러주세요.

관계 속에서 스트레스를 받는 상태일 때는 이를 다스릴 수 있도록 꾸준히 관심을 갖고 지켜보고 격려해주세요. 부모의 애정과 관심에 목말라하지 않도록 너 많이 표현하고 더 많이 안아주세요.

아이들이 서로 쉽사리 화해하지 않거나, 감정을 주체하기 어려워할 때는 점토로 직접 손을 움직이고 만지면서 하는 미술활동을 함께 하는 것을 제안해보세요. 서로의 모습을 만들어본다든가, 서로에 대한 느낌을 형태로 표현해본다든가 하는 식으로 서로에 대한 감정을 매체를 통해 드러낼 수 있게 이끌어주세요.

손을 움직이고 형태를 만들어가면서 서로의 감정을 어루만져줄 수도 있고, 치솟았던 감정이 사그라드는 것을 느낄 수도 있을 거예요. 또 미안한 감정이 올라올 수도 있고요. 상황에 매몰되지 않고 한 발짝 물러나 감정을 보게 하는 방법으로 좋은 활동입니다.

색으로 보는 아이의 마음

우리 주변은 색으로 가득합니다. 사람들은 색채를 통해 감정을 표현하지요. 밝은색 옷을 입으면 기분도 밝아집니다. 아이들도 마찬가지예요. 아이의 그림 속 색깔을 보고도 아이의 마음을 알 수 있어요. 특히나 아이들은 무의식적으로 색깔을 선택해 그림을 그리기 때문에 그 색에 아이의 마음이 고스란히 담겨 있습니다.

색은 그림을 그린 사람의 성향이나 정서를 잘 반영합니다. 특히 아이의 경우 색은 마음을 쉽게 파악할 수 있는 도구가 되지요. 하지만 자칫 색에만 너무 집중할 경우 다른 요소들을 놓칠 수 있으니 주의해서 살펴봐주세요.

빨간색

표현력과 에너지가 넘치는 아이들이 많이 사용하는 색입니다. 아이들이 자신의 감정을 분출할 때, 능력적인 측면에서 발달 정도가 클 때, 에너지가 팔팔할 때 많이 사용합니다. 빨간색을 좋아하는 아이는 자유롭고 적극적으로 행동하고 대인 관계도 좋습니다. 한편 빨간색을 수직이나 수평으로 다른 색 위에 덧칠하는 것은 적대감과 자기주장의 표현이기도 합니다.

노란색

노란색은 밝음과 기쁨, 따스함, 호기심을 나타냅니다. 노란색을 많이 쓰는 아이는 의존적인 경우가 많습니다. 사람들의 관심을 끌고 싶은 심리도 있습니다. 노란색 위에 파란색을 덧대어 칠할 때는 성장의 욕구와 유아적 상태에 머물고 싶은 욕구 사이의 갈등을 나타내기도 합니다.

초록색

초록색은 평화롭고 온화한 느낌의 자연색입니다. 자연과 생명력, 조화와 안정감을 나타냅니다. 노란색과 파란색, 따뜻한 색과 차가운 색의 중간색이기도 합니다. 초록색을 주로 칠하는 아이는 외향성과 내향성, 능동성과 수동성을 동시에 지니고 있는 경우가 많습니다. 자기감정도 스스로 잘 조절할 줄 압니다.

파란색

파란색은 침착과 신뢰, 평화와 안정을 나타냅니다. 맥락에 따라 맑고 푸른 긍정적인 이미지, 그리움과 우울함을 나타내는 부정적인 이미지로 해석하기도 합니다. 파란색을 자주 쓰는 아동은 조용하고 내성적인 성향을 가진 경우가 많아요. 침착하고 집중력이 높기도 합니다.

보라색

빨간색과 파란색의 요소를 함께 지닌 색입니다. 빨간색의 활기찬 기운과 파란색의 차분한 기운을 고루 가질 때 많이 나타납니다. 보라색을 즐겨 쓰는 아동은 자기중심적이고 독립심이 강합니다. 또는 소외감이나 열등의식을 느낄 때 보라색을 선택하기도 합니다.

검은색

검은색은 정서 행동에 문제가 있고 공포와 불안, 압박감을 느끼며 고독하다는 것을 나타냅니다. 두려움을 느낄 때 많이 씁니다. 검은색을 좋아하는 아동은 공격적이거나 부정적인 태도를 보일 수도 있습니다.

아이가 색을 선택하고 사용하는 기법에도 유의해서 아이의 그림을 살펴보세요. 아래 표는 아동미술심리학자 알슐러Alschuler와 헤트윅Hattwick의 공동 저서 《그림과 성격(Painting and Personality)》에 수록된 '색채에 대한 아동의 성격 진단' 표입니다.

색의 선택	
색의 가짓수가 적다.	감정적 적응도가 약하고 창조성이 적다.
불필요한 색이 많다.	억압되어 있는 욕구, 마음을 열지 않으려는 욕구가 있다.
색의 조화를 고려하지 않고 마구 칠한다.	자기통제력이 부족하다.
윤곽선을 강조한다.	검은 윤곽선은 부모의 엄격한 훈육을 뜻한다. 배경 가운데에서 그림이 뚜렷하게 보이게 하기 위해 칠하기도 한다.
필요 이상으로 덧칠한다.	열등감이 강하다. 가장 밑에 칠한 색은 숨기고 싶은 감정을 의미한다.
색칠이 선명하지 않다.	부모의 훈육이 불충분하고, 무의식적으로 움츠리는 경향이 있다.
부분적으로 색칠한 후에 지워버린다.	자신감 결여나 열등감이 있다.
색을 문질러서 흐릿하게 한다.	그 대상에 불안을 느낀다.
선의 끝부분에 힘이 빠져 있다.	신체 허약이거나 퇴행적 경향이 있다.
선보다 색칠에 더 치중한다.	정서적인 움직임이 강하다.

그림 일부에 색이 엉켜 있다.	자폐적이고 말이 없고 행동이 둔하다. 때로는 반항의 표시일 수 있다.
어두운색에 밝은색을 입힌다.	희망을 버리지 않고 있다.
밝은색에 어두운색을 입힌다.	억압된 감정으로 희망을 잃어가고 있다.
한곳에 여러 색이 몰려있다.	부모의 훈육이 불충분하거나 너무 엄격하다.
그림 둘레를 색으로 칠한다.	주변 환경과 단절되어 있다.
그림에 명암 두 가지가 나타난다.	열등감이 있다.

PART 4

문제를 극복하는 힘

아무 문제가 없는 아이로 키우는 것이 과연 가능할까요? 만에 하나 문제없이 자란 아이는 훌륭한 어른이 될 수 있을까요?

　문제 하나 없는 사람은 없습니다. 부모는 나의 아이를 어떤 문제도 없이 키우는 데 집중하기보다, 문제가 생겨도 그것을 극복할 줄 아는 아이로 키우는 데 힘을 쏟아야 합니다.

　아이에게 닥친 어려움을 부모가 해결해주는 것은 한계가 있습니다. 학교에서, 학원에서, 부모가 없는 곳에서 아이는 자신만의 사회생활을 해야 하고 자신만의 세계를 만들어가야 합니다. 그 과정에서 끊임없이 생겨나는 문제와 자신의 한계를 마주할 때, 이를 어떻게 대처하는지에 따라 아이의 인생이 결정될 것입니다.

　이번 파트에서는 크고 작은 다양한 문제를 맞닥트린 아이들의 그림을 살펴보겠습니다. 그림에 나타난 아이들의 어려움을 읽어보고, 그 뒤에 숨은 아이의 마음 그리고 어른의 역할에 대해 자세히 알아보겠습니다.

불편한 감정을 해소할
도구가 필요합니다

입을 다물고 한쪽만 바라보지만 그림의 바탕색과 외부로 향하고 있는 터치를 보면 마음의 문을 점점 열고 있는 듯합니다. 아직 용기를 내지 못할 뿐 세상으로 나아가 소통하려는 아이의 마음을 엿볼 수 있습니다.

 이 그림을 그린 아이는 집에서는 가족들과 많은 이야기를 하지만, 학교에 가면 아무 말을 하지 않는다고 합니다. 말을 하고 싶지도 않고, 말을 하면 선생님이나 친구들이 어떻게 반응할지 걱정된다고 해요. 그러나 언젠가는 친구들과 어울려 이야기를 하고 싶다고 합니다.

집에서는 말을 잘하는데 밖에 나가면 말수가 급격히 줄어들고 엄마와 이야기를 나누다가도 다른 사람이 곁에 오면 말을 멈추어버리는 아이들이 있습니다. 가족 이외의 다른 사람이 질문하면 아주 간단한 대답조차도 하지 못하는데요.

대부분은 단지 수줍어서 말수가 적은 정도이지만, 혹시라도 완고하게 침묵을 지킨다면 좀 더 자세히 관찰해보시기 바랍니다. 이런 증상을 '선택적 함구증Selective Mutism'이라고 합니다.

밖에만 나가면 입을 닫아요

선택적 함구증은 말을 할 줄 알면서도 특정 상황에서는 말을 하지 못하는 불안장애의 한 범주입니다. 집과 같은 친숙한 환경에서는 말을 잘하지만, 집 밖, 유치원, 학교, 학원에서는 말을 하지 않고 눈짓, 몸짓, 글쓰기 등의 비구어적 의사소통법을 주로 사용합니다. 부끄러움이 많고 사회적으로 위축되어 있거나 고집이 센 성향의 아이들에게서 주로 나타나는 현상입니다.

선택적 함구증은 여자아이들에게서 더 많이 나타납니다. 주로 나타나는 나이는 대개 3~6세이지만 유치원, 학교 등에 입학해서야 문제가 제대로 드러나는 경우가 많습니다. 단순히 수줍음이 많은 성격이라 여기거나, 초등학교 입학 초기에는 일시적인 적응 장애라 여겨 대수롭지 않게 넘어가는 경우가 많기 때문입니다.

선택적 함구증의 가장 흔한 유형으로는 '공생적 함구증'이 있습니다. 엄마와 강력한 공생적 관계를 유지하며 자신이 원하는 것을 요구하기 위해 엄마에게 매달리고, 집 밖에서는 수줍어하며 예민하게 행동하는 아이들이죠.

얼핏 봐서는 엄마와 상당한 애착관계를 가진 것으로 보이지만, 사실은 엄마의 사랑을 끊임없이 의심하는 불안정 애착 상태라고 할 수 있습니다.

이 경우 엄마가 아이에 대한 사랑을 확인시키는 노력이 필요합니다. 아이를 자주 안아주고 사랑한다는 말도 자주 해주세요. 그렇다고 엄마에게 무엇인가를 요구하면서 매달릴 때 다 들어주는 것은 좋지 않습니다. 사랑을 표현하되, 절제하는 법 또한 가르쳐주세요. 되도록 일상의 많은 부분을 아이 스스로 해결하는 습관을 만들어주고, 그만큼 격려 또한 아끼지 말고 충분히 해주시는 게 중요합니다.

그밖에 유형으로는 침묵을 무기로 삼는 '수동-공격적 함구증', 입학, 전학, 이민, 입원 등 환경의 변화나 트라우마를 겪은 다음에 생기는 '반응적 함구증', 말하는 것에 공포감을 가지면서 생기는 '언어공포증적 함구증'이 있습니다.

선택적 함구증 아동의 약 30%는 학교를 졸업할 때 어느 정도 회복하는데요. 10세경까지도 회복하지 않으면 보다 장기화

되며 예후도 좋지 않습니다. 증상이 장기간 지속될 시 학업 성취, 또래 관계 등 2차적 문제가 발생하며 성인기 사회불안 장애로 이어질 가능성이 높기 때문입니다.

선택적 함구증에 대한 오해

선택적 함구증은 왜 나타나는 것일까요? 원인이 딱 한 가지로 명확하게 알려지진 않았지만, 대체로 불안 증상과 관련 있다고 보여집니다. '선택적'이라는 말 그대로 특정 사람과 말하는 것에 대해 두려움, 불안함, 공포 등을 느끼는 것인데요. 이런 아이들은 대체로 불안함이 높은 기질을 가지고 있는 경우가 많습니다.

일부 아이들은 시끄럽거나 사람이 많은 상황, 낯선 장소 등 감각 자극이 많은 상황에 처하면 말을 못하기도 하는데요. 감각이 예민하여 자극에 쉽게 스트레스를 받기 때문입니다. 이런 환경에 놓이면 주변 자극에 압도되어 생각하고 말하는 것이 완전히 멈춰버리는 것이죠.

오해하지 말아야 할 부분은 단순히 낯을 가리거나 수줍음을 타는 정도로 말을 하지 않는 것은 선택적 함구증이 아니라는 것입니다. 같은 상황에 처했을 때 말을 하지 않는 모습이 반복적으로 한 달 이상 지속되는 등 일관적으로 문제가 나타났을 때 의심해보는 것이 좋습니다.

새 학기가 시작했거나, 새로운 환경에 놓이게 되었을 때 첫 한 달은 예외로 하는 편입니다.

내면을 자연스럽게 드러낼 수 있는 그림

선택적 함구증인 아이를 대할 때는 다그치거나 겁주지 않는 것이 가장 중요합니다. "왜 집에서는 말하면서 밖에서는 안 하는 거야?"라고 다그치거나 말하기를 강요하면 혼난다는 생각에 불안이 심해져 증상이 더 악화할 수 있어요.

이럴 때는 다양한 상황을 만들고 아이와 대화하는 연습을 해보는 것이 좋은데요. 학교에서 발표하는 상황, 친구와 길에서 마주친 상황 등 사회적 상황을 가정하고 어떻게 말할지를 연습하는 것입니다.

또한 편한 친구를 집으로 초대해 노는 것도 좋습니다. 낯설고 긴장되는 곳이 아닌 편안하고 익숙한 집에서, 가족이 아닌 다른 사람과 대화 경험을 만들고 점차 그 대상을 늘려가는 것입니다.

이런 아이들은 하루 중 상당한 시간 동안 침묵을 유지하기 때문에, 어느 시점에서 축적된 모든 불편한 감정들을 어떻게든 풀어야 할 필요가 있습니다.

언어의 한계성을 벗어날 수 있기 때문에, 그림은 사고와 감정을 객관화하는 것을 도울 수 있습니다. 특히 선택적 함묵증 아이에게 미술활동은 부정적 정서로 인한 긴장과 위축을 이완하는 데 도움을 주고, 자유로운 표현의 기회를 주기 때문에 매우 긍정적인 경험이 됩니다.

이 아이들은 단순히 말만 하지 않을 뿐, 몸짓이나 글쓰기 같은 수단을 사용해 의사소통을 시도합니다. 이는 즉 말을 요구하지 않는 활동에는 적극적일 가능성이 높다는 것입니다. 그중에서도 그림 그리기는 대부분의 아이들에게 장벽이 낮기 때문에 훨씬 효과적입니다.

이때 그림 그리기는 큰 도움이 될 수 있습니다. 그림 그리기는 아이의 심리적 방어를 완화시키고 조금 더 편한 상황에서 자신의 내밀한 부분들을 자연스럽게 드러내게 할 수 있기 때문이죠.

미술의 비언어성, 강력한 자기표현, 무의식의 표현 등과 같은 독특성은 특히 심리적인 방어가 심한 아이들에게 강력한 표현의 한 방법이 될 수 있습니다.

가족의 생활 습관을
체크하고 수정해보세요

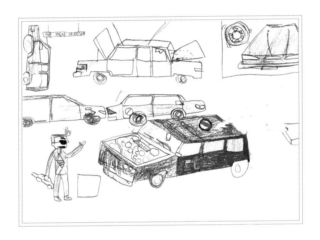

답답한 현실에서 벗어나 게임 속으로 달아나고픈 아이의 마음이 느껴집니다. 그림을 그리며 적대감과 공격성을 드러내기도 합니다. 이는 오히려 감정을 표출하고 발산하는 것이기 때문에 아이에게 안정감을 줄 수도 있습니다.

　이 그림을 그린 아이는 게임에서 차들이 서로 충돌하고 사람들이 다치는 것이 재밌다고 합니다. 현실에서는 공부하라고만 하는데 게임 속에서는 하고 싶은 대로 할 수 있어서 좋다고요. 게임을 통해 스트레스를 풀되 너무 매몰되지 않도록 부모님의 지도가 필요합니다.

요즘 가정의 저녁 시간 모습은 어떤가요? 아이들은 부모의 말은 듣는 둥 마는 둥 스마트폰 삼매경입니다. 숙제하라는 잔소리에도 아랑곳하지 않고 심지어 걸어 다니면서도 스마트폰을 봅니다. 집중해서 독서를 하거나 가족과 둘러앉아 도란도란 이야기를 나누는 것은 이미 옛날 이야기가 된 지 오래입니다.

'팝콘 브레인'을 아시나요?

많은 부모님들이 스마트폰에 빠져 사는 아이를 어떻게 해야 할지 걱정이 많습니다. 스마트폰, 태블릿, 컴퓨터 등 디지털 기기는 어른들뿐만 아니라 아이들에게도 필수입니다. 문제는 스마트폰 중독 위험입니다. 편리와 재미에서 오는 강렬한 자극은 '팝콘 브레인Popcorn Brain'이라는 현상을 만들었는데요.

'팝콘 브레인'은 미국 워싱턴대학교 정보대학원의 데이비드 레비David Levy 교수가 처음 만든 용어로, 현실 세계의 느리고 약한 자극에는 반응하지 않고 빠르고 강렬한 자극에만 반응하는 현상을 말합니다. 자극적인 영상을 볼 때 뇌에서는 도파민이 분비됩니다. 하지만 이러한 자극에 노출되면 될수록 내성이 생겨 더 강한 자극을 찾게 됩니다. 악순환이 반복되는 것이지요.

특히 팝콘 브레인 현상은 두뇌 발달이 급격한 어린이들에게 더 뚜렷하게 관찰됩니다. 우리 뇌가 강렬한 자극을 원하여 디지털 기기에 더욱 빠져들면, 이에 맞춰 뇌 구조도 변화합니다. 변화된 뇌는 강한 자극을 끊임없이 추구하면서 단순하고 평범한 일상생활에는 흥미를 잃어버립니다. 특히 뇌가 아직 완전히 자라지 않은 아이들은 현실 생활에 적응하지 못하는 문제는 물론 독해력이나 집중력, 인내력에 문제가 생길 수 있습니다.

스마트폰에 과몰입할 수밖에 없는 이유

스마트폰 과의존이란 과도한 스마트폰 이용으로 스마트폰에 대한 현저성이 높아지고 이용을 조절하지 못하면서 문제가 생기는 것을 말합니다. 여기서 '현저성Salience'이란 일상생활에서 스마트폰 이용이 다른 활동에 비해 현저하게 많으며, 스마트폰 이용을 가장 중요한 활동으로 생각하는 것을 말합니다.

뇌 발달이 진행 중인 유아동·청소년에게는 스마트폰과 인터넷 사용만으로도 중독이 쉽게 진행되는데, 이 같은 중독은 뇌 구조까지 바꾸는 것이죠. 이처럼 아이가 인터넷과 스마트폰에 과몰입하다보면 의존증, 내성, 금단현상, 대인 관계, 부적응 행동 등 전반적인 문제가 나타납니다.

아이들이 스마트폰에 과몰입하는 원인은 무엇일까요? 가장 먼저 아이가 스트레스를 잘 조절하고 해소하고 있는지, 현재 가정이나 학교에서 어떤 어려움이 있는지를 확인해보는 것이 중요합니다. 아이에게 스마트폰이나 인터넷 세싱이 현실에서 벗어나는 도피처가 될 수 있기 때문입니다.

아동 스마트폰 중독 연구에 따르면, 자아존중감이나 자기통제력이 낮고 충동성이 높으며, 우울하고 스트레스가 심할 때 스마트폰에 중독될 가능성이 높다고 합니다. 애정을 기반으로 한 부모 양육 태도, 또래 관계 및 환경이 든든하게 뒷받침된다면 스마트폰에 중독될 가능성이 낮아지는 것으로 나타났습니다.

금지보다는 조절을 가르치세요

우리는 일상생활을 하면서 인터넷, 통화, 연락, 탐색 등을 위해 스마트폰을 사용합니다. 스마트폰은 현실 생활에서 피할 수 없는 삶의 도구이므로 무조건 스마트폰 사용을 금지하기보다 적절한 사용법을 찾는 것을 목표로 해야 합니다. 규칙 없는 스마트폰 이용은 방임일 수 있습니다. 부모님의 스마트폰 이용 습관과 과의존도 아이에게 대물림될 수 있으므로 부모님들의 스마트폰 사용 습관을 먼저 점검하세요.

우선 가정 내 스마트폰을 사용하는 공간과 시간을 구체적으로 정해야 합니다. 놀이와 달리 스마트폰 이용의 주도권은 아이에게 주지 말고 바른 사용을 돕는 앱App을 이용해 부모가 관리하는 것이 좋습니다. 그리고 스마트폰보다 더 재미있고 유익

한 활동, 놀이, 운동, 취미, 체험 학습 등을 즐기도록 노력하는 것이 가장 중요합니다.

스마트폰과 디지털 기기에 중독된 아이들은 몰입과 집중을 하는 성향이 크므로 강압적으로 금지하는 것보다는 다른 쪽으로 자연스레 관심을 돌리는 방법이 효과적입니다. 그림 그리기는 아이들에게 흥미롭고 친숙한 활동이므로 접근이 쉽고, 주도적으로 작품을 만들면서 조절력과 통제력을 기를 수 있습니다. 미술활동을 하는 과정에서 분노, 적대감, 공격성을 표출하고 발산해 정서적인 안정을 되찾을 수도 있고요.

다음 표는 스마트폰 과의존 척도를 점검해보는 테스트지입니다. 총점이 28점 이상인 경우 고위험군입니다. 스마트폰 과의존 성향이 매우 높은 것으로 관련 기관의 전문적인 지원과 도움이 필요합니다. 총점이 24~27점인 경우 잠재적 위험군입니다. 과의존의 위험을 깨닫고 스스로 조절하는 노력이 필요합니다. 또는 부모님이 옆에서 계획적으로 사용할 수 있는 수단을 통해 도와주셔야 합니다.

마지막으로 총점 23점 이하의 경우 일반 사용자군으로 볼 수 있습니다. 스마트폰을 적절히 이용하고 있는 것으로 보이지만, 앞으로도 지속적인 점검은 필요합니다.

요인	항목	전혀 그렇지 않다	그렇지 않다	그렇다	매우 그렇다
조절 실패 self-control failure	❶ 스마트폰 이용에 대한 부모의 지도를 잘 따른다.	①	②	③	④
	❷ 정해진 이용 시간에 맞춰 스마트폰 이용을 잘 마무리한다.	①	②	③	④
	❸ 이용 중인 스마트폰을 빼앗지 않아도 스스로 그만둔다.	①	②	③	④
현저성 Salience	❹ 항상 스마트폰을 가지고 놀고 싶어 한다.	①	②	③	④
	❺ 다른 어떤 것보다 스마트폰을 갖고 노는 것을 좋아한다.	①	②	③	④
	❻ 하루에도 수시로 스마트폰을 이용하려 한다.	①	②	③	④
문제적 결과 serious consequences	❼ 스마트폰 이용 때문에 아이와 자주 싸운다.	①	②	③	④
	❽ 스마트폰을 하느라 다른 놀이나 학습에 지장이 있다.	①	②	③	④
	❾ 스마트폰 이용으로 인해 시력이나 자세가 안 좋아진다.	①	②	③	④

- 기준 점수(36점 최고점) : ❶~❸번 문항 역채점(1점→4점, 2점→3점, 3점→2점, 4점→1점으로 변환)
- 채점 결과: 고위험군 28점 이상, 잠재적 위험군 24~27점, 일반 사용자군 23점 이하

| 스마트폰 과의존 척도 Smartphone Overdependence Scale |

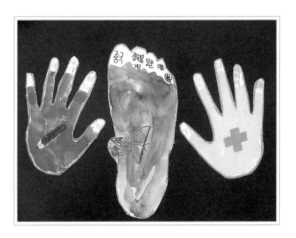

정리정돈

정리 전후의 모습을
시각적으로 보여주세요

아이는 손과 발을 그리고 손과 발이 하는 역할을 써놓았습니다. 손은 주로 공부를 하거나 나의 안전을 위해 일합니다. 이 손으로 정리정돈을 잘 해야 하는데 공부하다보면 방 정리를 안 해서 엄마가 대신 해준다고 하네요.

그림을 그리면서 아이는 자기 방 정리는 스스로 한다는 다짐을 되새깁니다. 그림을 통해 가고 싶은 곳, 하고 싶은 것을 표현하기도 하면서 아이는 자신의 마음을 들여다보고 있습니다.

"다 큰 녀석 방이 이게 뭐니?", "도대체 언제까지 엄마가 다 치워줘야 해?" 폭탄 맞은 듯 어질러진 아이의 방을 보면 부모는 답답하고 속이 터질 수 있어요. 하지만 아이의 발달 과정을 이해하면 그 마음이 조금 누그러질 거예요.

참고 견뎌낸 뒤에 맛보는 성취감

아이의 정리정돈과 관련한 능력은 '조직화 능력'이라는 건데요. 이 조직화 능력은 뇌의 전두엽이 관장하는 고도의 인지능력이 요구됩니다.

전두엽은 행동을 계획하고 불필요한 행동을 억제하면서 문제해결을 위한 전략을 수립하는 기능을 합니다. 무언가를 판단하여 의사결정을 하는 등 논리적 사고를 주관하며 12~17세 가장 왕성하게 발달합니다. 즉 두뇌의 다른 부분과 달리 비교적 늦은 나이까지 발달이 진행된다는 것이지요. 따라서 아이가 정리정돈을 잘하지 못하는 것은 아주 자연스러운 일입니다.

3세가 지날 무렵부터 아이는 자율적 훈련을 스스로 터득하게 됩니다. 어린이집이나 유치원에서 사회성을 익히면서 자기감정을 조절하는 것이 얼마나 중요한지를 스스로 체득하기 때문입니다. '싫은데 참고 공부하니 칭찬도 듣고 좋네.', '양보를 했더니 친구랑 더 오래 잘 놀 수가 있네.' 이런 사소한 경험들이 쌓여 자기조절력이 생기는 것이지요.

아이가 힘든 것을 참고 견뎌낸 뒤에 맛보는 성취감도 중요합니다. '귀찮지만 방 청소를 하니 기분도 좋고 엄마 칭찬도 받네.'라고 느끼게 되지요. 아이는 정리정돈을 하면서 스스로 해냈다는 성취감을 얻고 이는 아이에게 자신감도 심어줍니다.

아이 스스로 판단해서 스스로 행동했다는 거 자체가 중요합니다. 이때 자율성, 자기주도성이 키워지며 아이 미래에 귀중한 자신감의 뿌리가 될 것입니다.

구체적인 계획을 세워 몰입할 수 있는 환경

우리 아이만의 방 청소법을 만들어보는 것도 도움이 됩니다. '방 안에는 필요한 물건만 둔다.'와 같은 추상적인 목표보다는 '숙제를 마친 후에 책은 책꽂이에 꽂는다.', '책상 위에는 쓰레기를 두지 않는다.' 등 구체적일수록 좋습니다. 볼펜 하나도 어떤 장소에 둘지 정해두세요. 청소하는 시간을 유난히 지루해한다면 타이머를 10분 설정하여 정해진 시간 동안 청소한다든지, 아이가 좋아하는 음악을 틀어놓는 등의 청소 주제곡을 만드는 것도 좋습니다.

아이 공부방 책상 위에는 몰입에 방해되는 쓸데없는 물건을 다 치우세요. 주변에 즉각적이고 자극적인 흥미거리가 보인다면 몰입으로 가는 과정이 깨지게 됩니다. 인체이 간각 수용기 중 70%가 시각에 있기 때문이지요.

공부방을 정리할 때는 오픈된 수납보다는 붙박이장처럼 눈에 보이지 않도록 가리는 수납을 사용하세요. 아이의 공부를 방해하는 디지털 기기 역시 정해진 시간에 꺼내서 사용하고 다시 정리하는 방법을 추천합니다.

정리 이전과 이후를 한눈에 비교하세요

정리 전후 방 모습을 사진 찍어 공간의 변화를 인식시켜주세요. 항상 사용하는 공간은 익숙해 뭐가 바뀌었는지 찾기가 쉽지 않습니다. 그럴 때는 스마트폰으로 사신을 찍어 비교하는 게 좋습니다.

각각의 공간을 사진으로 찍어두고 보면 좀 더 객관적으로 인식하게 되고 정리할 부분을 파악하기가 쉽습니다. "방 좀 치워."라고 입이 닳도록 이야기하는 것보다 "사진 찍고, 함께 생각해보자."라고 말하는 것이 아이를 움직이게 할 수 있습니다.

아이들의 물건에는 저마다 사연이 있고, 나름의 이유로 소중합니다. 그렇다고 늘어나는 물건을 영원히 간직할 수만은 없습니다. 아이가 물건을 잘 버리지 못한다면 아이의 관점부터 바꿔줍니다. 장난감 상자를 만든 다음 그 안에 들어갈 만큼만 장난감을 남겨놓고, 나머지는 기부하거나 중고 시장에 판매하는 것입니다.

반대로 필요 없는 물건들로만 상자를 채워볼 수도 있습니다. 눈으로 보고 필요한지 안 한지를 따져 함께 버리는 것도 정리 습관을 길러줄 수 있는 방법입니다.

정리정돈이 주는 긍정적인 효과

당연한 이야기일 수 있지만, 정리정돈이 된 환경은 아이의 집중력을 향상시킬 수 있습니다. 특히 엄마가 정리해준 책상, 엄마가 정리해준 방이 아니라 내가 정리한 공간은 더욱 그렇습니다. 나만의 규칙으로 내가 원하는 위치에 내 환경을 마련했기 때문에, 나의 공간에 더욱 애착이 가고 그곳에서 공부든 뭐든 더 잘 집중해서 몰입할 수 있게 되는 것이죠.

이는 자기조절력으로도 이어집니다. 물건을 정리하고 정돈하는 것은 곧 자신의 행동을 조절하고 스스로 세운 일정을 따르는 행동이기 때문입니다. 매일 공부가 끝나면 정리 한다든가, 자기 전에 한번 정리한다든가 하는 루틴을 가진 아이는 정서적으로 더욱 안정된 모습을 보입니다.

특히 이런 아이들은 스트레스에도 강한 모습을 보입니다. 어질러져 있는 방 안에서도 잘 생활하는 듯 보였던 아이도 막상 깨끗한 공간에 있으면 더 기분이 좋아지는 걸 볼 수 있죠. 누구라도 그럴 겁니다. 항상 쾌적하고 정돈된 환경 속에 있는 아이들은 스트레스에 덜 노출되고, 스트레스를 받는 상황이 오더라도 자신이 정리할 수 있다는 믿음으로 상황을 헤쳐갑니다.

습관적 거짓말

궁지에 몰릴수록
더 심해질 수 있습니다

아이는 거짓말이 나쁘다는 건 알고 있지만 자기도 모르게 자꾸 거짓말이 나온다고 합니다. 안 하려고 해도 나도 모르게 입에서 거짓말이 피처럼 흘러나오는 걸 빨간색 물감으로 표현했어요. 표정도 거짓말에 압도되듯 무기력해 보이네요.

그럼에도 이 아이는 거짓말이 나쁘다는 것, 거짓말로 인해 주변 관계와도 나빠진다는 것을 잘 인식하고 있습니다. 인식하고 있다는 게 출발점입니다.

"숙제 다 했어?" 하고 물으면 "네." 하고 대답했는데 잠에 들기 전 확인을 해보면 "이제부터 할 거예요."라고 하는 경우가 있습니다.

이 시기의 아이들은 금방 탄로될 것을 알면서도 부모한테 야단맞는 것이 싫어서 거짓말부터 합니다. 자기중심적 사고를 하는 시기이다보니 즉흥적으로 거짓말이 나옵니다. 부모는 일단 거짓말이 나쁜 행동이라는 것을 가르치기 위해 혼을 낼 수밖에 없고요.

아이들이 거짓말을 하는 이유

아이들의 거짓말은 평균 3~4세부터 시작됩니다. 유아기와 아동기 시기별로 그 특성이 다르게 나타납니다. 유아기 시절에는 꿈과 현실을 구분하지 못하고 미디어나 책 속의 주인공과 자신을 동일시합니다. 그래서 슈퍼맨처럼 하늘을 날거나 백설공주를 만났다는 등의 귀여운 거짓말을 하지요.

아이의 거짓말에는 여러 종류가 있습니다. 상황을 모면하기 위한 거짓말, 관심을 받기 위한 거짓말, 자신의 이익을 위한 거짓말, 흥미나 환상을 위한 거짓말 등이 있습니다.

대체로 아이들은 6세 정도가 넘어서면 '좋고 나쁨', '옳고 그름' 정도는 구분할 수 있는 사고력이 생깁니다. 그렇기 때문에 이 시기에 아이가 거짓말을 할 때는 훈육을 해야 합니다.

친구의 물건이 마음에 들어 그냥 슬쩍 가져온 뒤 "친구가 줬어."라고 거짓말하는 상황이라면 자기가 한 행동에 대해 야단 맞지 않기 위해 거짓말을 한 것입니다. 책임을 피하고자, 처벌을 피하고자, 불편한 감정을 모면하기 위해서, 또래에게 환심을 사거나 존경받고 싶어서 하는 거짓말도 같은 맥락으로 볼 수 있습니다.

부모의 사랑과 관심을 받기 위해, 사랑을 확인하기 위해 거짓말을 하기도 해요. 이럴 때는 무조건 혼부터 내기보다 아이와 눈을 맞추면서 대화하는 시간을 충분히 가지세요. 꼭 말이 아니더라도, 함께 그림을 그리거나 일기를 쓰거나 표현하는 활동을 통해 아이가 하고 싶은 말을 들어주는 시간이 필요합니다.

심각한 단계의 거짓말이 아니라면, 대부분 이런 시간을 통해 아이가 어떤 마음으로 그런 행동을 했는지 알 수 있습니다.

화를 내거나 겁을 주는 행동은 하지 마세요

아이가 거짓말을 할 때 부모들은 일단 혼을 먼저 냅니다. 그리고 왜 잘못되었는지를 설명합니다. 순서를 한번 바꿔보면 어떨까요? 아이가 왜 그런 행동을 했는지 아이의 마음을 먼저 읽은 후 잘못된 점을 알려주세요. 혼부터 내면 아이는 마음을 닫아버립니다. 잔뜩 주눅이 들어 왜 그랬는지 속마음을 털어놓지 않습니다. 편안한 분위기에서 아이와 이야기해보세요.

거짓말했다고 너무 심하게 야단맞은 경우에는 그 상황에 대한 공포심만 남습니다. 이는 부모에 대한 원망으로 이어지지요. 이런 경험들이 쌓여 악순환이 이어지면 거짓말은 더 큰 비행 행동으로 발전할 수 있습니다.

또한 아이를 심하게 몰아세우거나 거짓말쟁이 취급은 하지 마세요. 이는 아이에게 좌절감을 심어주고 후에 문제 행동을 불러온다는 것을 명심하세요.

숙제를 다 했다고 거짓말을 하는 아이의 마음속에는 '숙제 혼자 하는 거 너무 싫어.'라는 불만이 있을지도 모릅니다. 이럴 때는 뭐가 어려운지 어떻게 도와줄지 물어보고, 숙제를 미리 다 해놓으면 좋은 점이 무엇인지 설명해주세요. 그리고 숙제를 다 하면 온 마음을 다해 칭찬해주세요.

불편한 상황을 모면하고자 거짓말을 하는 아이는 궁지에 몰면 몰수록 거짓말이 더 심해집니다. 어떤 처벌이나 비난이 있더라도 거짓말하지 않고 정직하게 말하는 것이 더 중요하다는 것을 가르쳐야 합니다.

습관적인 거짓말, 원인을 찾아야 합니다

만 6세 이후까지 거짓말이 계속된다면 좀 더 단호하게 대처해야 합니다. 거짓말이 습관이 되면 양심의 가책을 느끼지 못하기 때문이지요.

또한 다른 사람에게 피해를 주거나 악의적으로 하는 거짓말은 더 큰 문제가 됩니다. 이는 부모와의 애착 형성이 제대로 되지 않아 정서적인 문제 때문에 생긴 것일 수도 있습니다. 이를 방치하면 학업 부진이나 도벽, 폭력으로 이어질 수 있습니다.

의도적으로 남을 해치려 거짓말을 할 경우에는 도덕성 발달에 심각한 문제가 있으므로 전문가를 찾아 원인을 밝히고 치료를 받아야 합니다.

거짓말은 누구나 거치는 통과의례와도 같은 것입니다. 부모의 과도한 대응 혹은 무관심 모두 아이의 심리 발달에는 좋지 않습니다. 거짓말을 하지 않는 일 또는 거짓말을 하더라도 용기 있게 말하는 일이 얼마나 소중한 일인지도 함께 이야기해주세요.

거짓말을 했더니 양심에 찔리고 오히려 더 나쁜 결과가 생긴다는 것을 직접 경험하게 하는 것도 괜찮습니다. 솔직하게 말하는 과정을 거치면서 아이는 정직의 의미를 알게 될 것입니다.

도덕성의 발달은 전두엽에 바탕을 둡니다. 이시형 박사님의 책《아이의 자기조절력》에 따르면 요즘 아이들의 3대 결함은 자기통제력 취약, 제멋대로인 행동, 결여된 사회성이라고 합니다. 이는 어렸을 때부터 억제적 자극, 사회성, 도덕성 함양이 무엇보다 중요함을 이야기합니다. 이 모든 시작은 자기감정 조절 충추의 발달에 있어요. 도덕성 발달을 위해서는 어른의 가치관, 인간의 기본적인 도덕성을 일찍부터 공유해야 한다는 의미입니다.

아이의 욕구를 들여다보는 미술활동

도화지에 칸을 구분하고 최근 느낀 감정과 생각을 그리거나 색 채우기, 색종이 등으로 표현해보는 활동이 좋습니다. 불편한 감정, 좋은 감정, 슬픈 감정, 잘 모르는 감정 등 아이 스스로 구분해서 표현하기 좋습니다.

칸별로 감정이 다르게 들어가 있는 것을 시각화하며 사람은 누구나 불편한 감정도 가지고 있고 그만큼 좋은 감정도 가지고 있음을 함께 보며 인식하도록 하는 것이죠.

또 거짓말을 하는 아이 마음속 욕구를 이해하기 위해, 상상화 그리기나 '내가 바라는 것들' 같은 주제로 콜라주를 해보는 것도 좋습니다. 아이가 뭘 바라고 있는지, 어떤 욕구를 가지고 있는지 볼 수 있습니다.

"너의 계획은 뭐니?"라고
아이에게 질문해주세요

아이는 자신을 괴롭히는 사람들, 내가 무찔러야 하는 사람들과 다양한 것들을 그렸습니다. 온갖 무기들이 다 등장하지요. 그림 역시 산만합니다. 하지만 모두 하나의 특징을 갖고 있어요. 폭력적이고 자신을 방어하기 위한 무기를 지닌 전사들입니다.

　어떤 행동이나 사람들로부터 자신을 지키고 싶은 마음이 드러나 있습니다. 더 강해져서 자신을 지키고 싶은 것이지요.

자녀의 학습을 지도하는 과정에서 많은 부모가 어려움을 호소합니다. 공부를 봐주면서 열불이 터지면 친자일 확률이 100%라는 우스갯소리도 있을 정도인데요.

특히 숙제 하나를 몇 시간씩 붙들고 있으면서 희한하게 맞춤법이며 쉬운 문제를 자꾸 틀리는 아이들이 있습니다. 바로 조용한 ADHD로 불리는 '주의력 결핍 우세형 ADHD'입니다. ADHD의 대표적인 증상인 과잉 행동, 충동성 등 보이지 않지만 주의력이 현저히 떨어지는 유형입니다. 이러한 증상을 앓는 아이가 유독 학습을 힘들어하는 이유는 공부할 때 발휘해야 할 다양한 인지능력이 부족해서입니다.

이를테면 집중력, 시간 관리 및 계획 세우기 능력, 지속 주의력 등이 취약하기 때문이에요. 이는 뇌 기능에 따라 발생하는 것이기에 아이의 의지만으로 개선되기는 어렵습니다.

얌전하고 조용한 ADHD?

주의력 결핍 과잉 행동 장애 증상 중 과잉 행동이 없는 경우 '조용한 ADHD Inattentive ADHD' 또는 '주의력 결핍 장애'라고 합니다. 이런 아이는 쉽게 주의력이 분산되고 순서대로 무엇인가 하는 것을 어려워하며 숙제나 할 일을 자주 잊어버립니다.

일반적으로 생각하는 ADHD와 달리 눈에 띄는 행동이 없으므로, 그냥 덤벙거리는 아이 정도로 치부되어 부모나 교사가 아이의 어려움을 알아채기까지 오랜 기간이 걸린다는 특징이 있습니다.

주의력 결핍 장애의 증상은 다음과 같습니다.
- 쉽게 산만해진다.
- 멍하게 다른 생각을 한다.
- 남의 이야기를 잘 듣지 않는다.
- 꼼꼼하지 못하고 실수가 잦다.
- 지시대로 학업이나 집안일, 할 일 등을 제대로 못 마친다.
- 과제나 활동을 체계적으로 수행하는 데 어려움이 있다.
- 물건을 자주 잃어버린다.
- 해야 할 일이나 약속 등을 잘 잊어버린다.
- 지속해서 정신적인 노력이 필요한 일이나 활동을 싫어한다.

자신의 발전 가능성을 기대하게 만들어주세요

공부를 시작하기 전, 주의력을 떨어트릴 수 있는 불필요한 시청각 자극을 제거합니다. 그리고 오늘 해야 할 과제 목록과 공부해야 할 순서 혹은 문제 푸는 순서를 정한 뒤 시각화해서 보여줍니다. ADHD 아동의 경우 시각적인 가이드라인이 없으면 무엇을 어떤 순서로 하기로 했는지 쉽게 잊어버릴 수 있기 때문입니다.

또한 오랜 시간 앉혀두는 것은 좋지 않습니다. 오래 앉아 있다고 그 시간을 꽉 채워서 집중하는 것이 아니기 때문이죠. 아이의 집중력이 유난히 떨어지는 날이면 "숙제 다 마칠 때까지 일어날 생각도 하지 마."라고 하기보다는 잠시 휴식 시간을 갖는 것도 좋습니다.

또 중요하고 급한 학교 숙제가 아니라면 아이가 완수할 수 있는 정도로 과제 분량을 조절합니다. 엄마가 정해준 분량과 난이도를 해내지 못하는 경험이 자꾸 쌓이다보면 오히려 공부에 관심이 떨어질 수 있습니다.

공부를 마친 후에는 결과가 아닌 '과정'을 칭찬하고, 능력이 아닌 '노력'을 칭찬하세요. 여기서 중요한 점은 학습 의욕을 북돋아주는 것인데, 아이가 현재에 만족하는 것이 아니라 발전 가능성에 대해 기대하게 만들어 꾸준히 향상할 수 있도록 돕는 것입니다.

예를 들어 아이가 학급 단원 평가에서 100점을 맞은 상황이라면, "100점 맞았네. 참 잘했다!"가 아니라 "그렇게 좋아하는 게임도 안 하고 열심히 공부하더니 정말 기분 좋겠는데."라고 말하는 것이 더 좋습니다.

아이에게 '계획'을 물어보는 것의 중요성

결과만큼이나 능력 위주의 칭찬을 하는 부모님들도 많은데요. 예를 들어 "와 우리 딸, 아들 대단해. 완전 천재인걸." 같은 식이죠. 이런 것보다는 "집중해서 차분하게 문제를 읽으려고 노력했구나. 계속 노력하면 점점 더 잘하게 될 거야."가 더 좋겠죠.

만약 공부하지 않으려고 뺀질거리거나 저항한다면, 부모의 계획대로 자꾸 다그치기보다는 아이의 계획을 물어보는 것이 좋습니다. 아이 나름의 계획이 분명 있을 것입니다. "너 영어학원 숙제 했어? 안 했어?"가 아니라 "내일 영어학원 가는 날인데 숙제는 어떻게 마무리할 생각이니?"라고 물어보는 것이 더 바람직합니다.

부모의 이런 질문은 아이에게 스스로 '계획을 세워야 한다.'라는 깨달음을 주기 때문에 설령 이전까지 아무런 계획이 없었더라도 부모의 질문을 기점으로 아이는 계획을 세우게 될 것입니다.

부모는 아이가 세운 계획과 의견을 존중하되 과도하게 느슨해지지 않도록 조절합니다. 일주일 동안 오직 학습지 3장만 풀겠다는 계획을 존중해준다면 아이는 자기 능력을 키울 기회를 잃어버리는 것입니다. 어떤 상황에서든 아이에게 금지형, 유도형, 폐쇄형이 아닌 개방형으로 질문하되 적절한 격려와 보상을 더해 목표에 다다를 수 있도록 도와주세요.

시작과 끝을 정해놓고 자유로운 미술활동

주의력 결핍이 있는 아이는 자유로운 형태의 미술활동을 통해 증상을 완화하는 효과를 얻을 수 있습니다. 종이 찢기, 물감 묻혀 놀기, 반복적인 모자이크 작업이 효과적입니다.

여러 가지 미술활동을 제공하여 흥미를 불러일으키고 자연스럽게 몰입하여 집중하는 훈련을 돕는 것이 좋습니다. 특히 미술활동 시작과 끝을 알리는 노래를 활용하거나 타이머를 사용해 제한시간을 둡니다.

조용한 ADHD 아이들의 특성인 산만하고 많은 생각들은 여러 가지 미술매체를 이용하여 표현하는 과정을 통해 조금씩 덜어질 수 있습니다. 정리가 되지 않은 머릿속 생각들을 도화지 위에 그림으로 또는 지점토를 활용해 형태로 표현하고 분출하는 것으로 잡념을 덜어내는 것이죠.

'완벽하지 않은 것'을
수용하는 연습

피아노를 치는 주인공인 아이의 뒷모습에서는 긴장과 불안이 읽힙니다. 잘해야 한다는 생각, 완벽해야 한다는 생각으로 가득 차 있네요. 그림 하단의 배경을 거친 터치로 채운 것으로 보아 자신의 뒤쪽 상황에 대해 불안해하고 있는 것 같습니다.

아이는 모든 것에서 완벽해야 한다고 이야기합니다. 피아노를 칠 때 하나도 틀리지 않아야 한다고 해요. 그래야 아이들이 노래를 끝까지 부를 수 있고, 우리 팀이 상을 받을 수 있거든요.

아이들과 미술활동을 하다보면, 유독 자유화 그리기를 싫어하는 아이들이 있습니다. 하얀 도화지에 마음대로 그리라고 하면 이 핑계 저 핑계를 대면서 그림 그리기를 회피하거나 심지어 울먹이거나 짜증까지 내는 아이도 있는데요.

받아쓰기 시험이 있는 날 아침이면 학교 가기를 거부하는 아이, 태권도 승급 심사 때마다 배탈이 나서 결국 국기원 문턱도 밟아보지 못한 아이, 주어진 과제는 실수 없이 잘해내야 하므로 속도가 매우 느린 아이 등 아이들이 나타내는 완벽주의는 여러 모습으로 나타납니다.

완벽주의는 좋은 것 아닌가요?

완벽주의는 유용한 특성이 될 수 있지만 완벽함에 너무 집착하는 아이는 우울, 불안, 강박과 같은 정신건강 문제의 위험이 있습니다. 완벽주의가 정신건강 문제로 이어지지 않더라도 아이들의 삶의 질에 부정적인 영향을 미칠 수 있는데요. 자기가 정한 기준에 결코 부응하지 못하기 때문에 학교에서든 밖에서든 어떤 것에서도 즐거움을 찾지 못하는 경우가 많습니다.

완벽하려는 욕구는 가족 및 친구들과 갈등을 일으킬 수 있고, 완벽함에 대한 집착은 숙제, 운동 또는 음악 연습에 많은 시간을 할애하게 하여 취미와 놀이 시간이 부족해질 수 있습니다.

아이러니하게도 완벽주의적 성향을 가진 아이들은 성취도가 낮을 위험이 있습니다. 만점을 받지 못할 것 같으면 쉽게 포기할 수도 있고, 어렵다고 생각하는 작업을 피할 수도 있습니다. 힘든 일이 있으면 학교에 가지 않기 위해 아픈 척하거나, 완벽하지 않은 일은 제출하지 않을 수도 있습니다.

이런 아이들은 학업에도 과도한 시간을 할애할 수 있지만, 항상 다른 아이들보다 잘하는 것은 아닙니다.

왜곡된 사고가 만드는 자기비판적 믿음

완벽주의를 가진 아이들의 가장 큰 특징은 왜곡되고 경직된 사고방식입니다. 일반적으로 불가능할 정도의 높은 기준을 준수해야 한다고 생각하지요. '난 모든 시험에서 100점을 받고 우리 반에서 최고가 될 거야.' 같은 식으로요.

또한 실패했을 때 지나치게 일반화하고("이 점수는 내가 결코 잘하지 못할 것이라는 의미야."), 흑백논리를 나타내며("완벽하게 하지 않으면 나는 실패자야."), 긍정적인 부분은 축소하고 부정적인 것("오늘 체육 시간에 공을 엉망으로 던졌어. 역시 나는 체육에는 전혀 소질이 없어.")에 집중할 수 있습니다.

이러한 왜곡된 사고 패턴은 자기의 노력은 결코 충분하지 못하다는 불안을 키웁니다. 긍정적인 경험을 축소하고 제외하는 정보와 경험에 집중하게 하여 또래들과 세상을 상당히 다르게 보도록 합니다.

이로 인해 시간이 지남에 따라 자신에 대해 더 확신이 없어지고 자기비판적인 믿음을 불러일으켜 회피행동을 악화시킬 수 있습니다.

아이들의 완벽주의는 어디에서 올까

완벽주의의 원인은 매우 다양한데요. 성공, 성취 및 실패에 대해 아이가 보고 듣는 메시지는 아이의 사고 패턴에 매우 중요한 역할을 하는 것으로 보입니다. 예를 들어 부모가 완벽하기를 기대하는 것으로 인식하는 아이는 완벽주의 득성을 보일 가능성이 더 큽니다. 또한 아이의 기질도 중요한 역할을 합니다. 민감하고 불안해하는 성향이 강한 아이는 완벽주의를 표현할 가능성이 높습니다.

결과보다는 자녀의 노력을 칭찬하세요. 아이가 시험에서 100점을 받았다고 칭찬하기보다는, 열심히 노력해서 공부한 것에 대해 칭찬해주세요. 또 다른 사람에게 친절을 베풀거나 좋은 친구가 된 것, 오늘 하루를 웃으며 잘 보낸 것 등에 대해 칭찬하는 것입니다. 인생에서 성취만이 중요한 것이 아님을 알려주세요.

자녀와 함께 현실적인 목표를 설정해보는 것도 좋은 방법입니다. 아이가 도달하고자 하는 목표에 관해 함께 이야기를 나누어보고, 보다 현실적인 목표를 설정하도록 돕습니다.

부모님의 실패담을 공유하는 것도 좋습니다. 부모도 완벽하지 않다는 것을 아이에게 분명히 전달하는 것이죠. 직업을 얻지 못했거나 시험에 떨어졌던 일에 관해 이야기해보세요. 그리고 실패했을 때 어떻게 대처했는지, 누구나 실패할 수 있고 이를 어떻게 극복하는지가 중요함을 이야기해주세요.

건강한 대처 기술을 가르쳐주세요. 실패는 불편하지만 참을 수 없는 것은 아닙니다. 아이에게 실망, 거절, 실수를 건전하게 대처하는 방법을 가르쳐야 합니다. 일기 쓰기, 그림 그리기, 가족이나 친구와 대화하기 등은 감정을 다루는 데 도움이 됩니다.

새로운 아이디어를 받아들이는 훈련

미술활동은 완벽주의 아이들에게 '완벽하기 않은 것을 수용'하는 연습을 할 수 있도록 해줍니다. 그림 그리기나 만들기는 완벽이라는 기준이 없이, 보는 사람에게 즐거움을 주고 만든 사람이 만족하면 되는 것이기 때문에 아이를 '완벽'이라는 울타리 밖으로 나와 활동할 수 있게 해줍니다.

미술활동이 주는 창의성에 대한 자극 역시 완벽주의 성향이 강한 아이들에게 매우 긍정적인 효과를 줍니다. 완벽주의 성향을 가진 아이들은 새로운 아이디어를 받아들이고 새로운 방법을 시도하는 것이 중요한데요. 그림 그리기를 통해 실패를 두려워하지 않고 새로운 것을 탐색하는 기회를 줄 수 있습니다.

　미술활동이 갖는 가장 큰 특징인 감정과 생각을 표현하는 과정은 완벽주의 성향을 가진 아이들에게 자기 자신을 인식시키고 자신에 대한 이해를 한 번 더 깊게 해볼 수 있는 경험을 하도록 도와주기도 합니다.

스트레스성 떼쓰기와
의도적 떼쓰기의 구분

이 그림은 아이가 떼를 쓰는 모습입니다. 다른 사람들의 시선을 의식한 아빠의 표정과 '이제는 내 이야기를 들어주겠지.' 하는 아이의 마음이 보입니다.

그림을 그린 아이는 사람들 많은 곳에서 이렇게 행동을 하면 대부분 부모님이 원하는 것을 들어주시는 편이라고 이야기합니다. 아이가 자신의 의견을 떼쓰기가 아닌 다른 방법으로 표현하고, 부모님도 더 이상 떼쓰기에 좌지우지되지 않도록 태도를 바꿔야 합니다.

10살이나 된 아이가 떼를 쓸 경우, 부모님은 어쩔 줄 몰라 속수무책이 되거나 폭발 일보 직전이 되기도 하는데요. 특히 사람들이 많은 장소에서는 더욱 난감하고 창피하기까지 합니다.

아이가 툭하면 울고불고 떼를 쓸 때는 아이와 신경전이나 힘겨루기가 되지 않도록 부모가 먼저 마음을 차분히 가라앉히고 아이의 감정을 어떻게 다루어야 할지 생각하는 것이 중요합니다.

아이의 떼쓰기엔 이유가 있다

세아 엄마는 종일 세아의 떼쓰기에 지쳐버렸습니다. 아침에 세아는 등교 준비를 하다가 자신이 가장 좋아하는 캐릭터 양말이 세탁기에 들어가 있다고 떼를 썼습니다. 세탁기에 들어가 있는 빨랫감을 꺼내 신을 수도 없고, 세아는 그 양말이 아니면 학교를 가지 않겠다고 떼를 쓰니 정말 진퇴양난이었습니다.

하교 후 오후에는 마트에 갔는데 거기서 세아는 또 한 번 크게 떼를 썼습니다. 새 인형을 가지고 싶다고 장난감 코너에 드러누워 울고불고 한 것이죠.

하루 동안에 아이의 떼쓰기를 두 번이나 경험한 세아 엄마는 어찌해야 할지 혼란스러웠을 텐데요. 아이의 떼쓰기에는 크게 '스트레스성 떼쓰기'와 '의도적 떼쓰기'가 있으며 각각 다른 접근이 필요합니다.

실망감, 상실감 또는 좌절감과 같은 강력한 부정적 감정에 의해 유발된 스트레스로 아이가 고통스러울 때 스트레스성 떼쓰기가 나타납니다. 격한 감정을 다스리는 상위 뇌와 하위 뇌의 연결 회로가 아직 발달하지 않았기 때문에 떼쓰기로 표현되는 것이라고 볼 수 있는데요. 이때는 하위 뇌의 세 가지 경보 체계인 분노, 두려움, 불안 중 한 가지 이상이 매우 강하게 활성화된 것을 의미합니다.

아이가 스트레스성 떼쓰기를 할 때는 얼굴과 몸에 고통이 드러납니다. 나이가 어릴수록 스스로 격한 감정을 다스릴 수 없으므로 이런 형태의 떼쓰기는 세심한 배려가 필요하고 웬만하면 달래주는 것이 좋습니다. 세아의 사례에서 아침에 떼를 쓴 것은 심술을 부리는 것이 아니라, 실망감에서 비롯된 스트레스성 떼쓰기로 볼 수 있습니다.

스트레스성 떼쓰기를 다루는 법

아이가 스트레스성 떼쓰기를 할 때 부모는 아이의 뇌와 몸에서 휘몰아치는 호르몬 폭풍이 가라앉도록 안전함, 편안함, 믿음을 주는 것이 중요합니다.

분노나 좌절감 같은 강렬한 부정적 감정을 다루도록 도움받는다면, 스트레스 상황에서 스스로 진정할 수 있는 뇌 회로가 발달하게 됩니다. 또 아이는 어른이 자기 몸과 뇌를 공격하는 거친 폭풍을 이해하고 진정시켜줄 수 있다는 것을 알고 정서적 안정감을 갖게 됩니다.

한겨울 아이가 양말을 신지 않겠다고 떼를 쓰기 시작하면 파란색 양말과 줄무늬 양말 중 어떤 것을 신고 싶은지 단순한 질문을 던짐으로써 생각할 거리를 주거나 관심을 다른 재미있는 것으로 돌림으로써 상위 뇌인 전두엽이 활성화하도록 하여 진정시킬 수 있습니다.

떼쓰기가 한창일 때는 부드럽게 안고 쉬운 말로 위로해주세요. "그래 알아, 알고 있단다." 엄마 품에 안겨 있으면 지나치게 흥분한 아이의 신체와 뇌 체계가 균형을 되찾고 진정 효과가 있는 옥시토신Oxytocin과 오피오이드Opioid가 분비됩니다.

아이와 힘겨루기를 하지 마세요

의도적 떼쓰기는 자기 마음대로 행동하고 부모를 의도적으로 조절하기 위한 것입니다. 스트레스성 떼쓰기와 달리 비통하고 절박한 감정이나 공포를 경험하지 않으며, 자신의 요구를 분명히 말하고 거부당하면 논쟁할 수도 있습니다. 전두엽이나 상위 뇌를 사용해 계산적이고 고의로 행동하는 것으로 볼 수 있는데요.

의도적 떼쓰기를 자주 하는 아이일 경우, 소리를 지르고 울면 효과가 있다는 것을 이미 알고 있습니다. 의도적 떼쓰기를 하는 아이에게는 항상 원하는 때에 원하는 만족을 얻을 수는 없으며, 원하는 것을 얻기 위해 타인을 괴롭히거나 통제하는 것은 바람직하지 않다는 것을 가르쳐야 합니다.

세아의 이야기에서 새 장난감을 사달라고 한 떼쓰기는 장난감을 얻어내기 위한 의도적 떼쓰기로 볼 수 있습니다. 이때 엄마가 관심을 보이거나 이를 통해 바로 욕구가 충족된다면 떼쓰기는 계속될 것입니다.

아이와 협상 테이블에 앉아 힘겨루기하지 않도록 하세요. 이 협상 테이블에 앉지 않으려면 일단 부모 자신의 감정을 다스리고 물리적으로 분리해 아이의 떼쓰기에 관심을 보이지 않는 것이 중요합니다. 의도적 떼쓰기는 무시하는 것이 현명합니다. 아무도 보는 사람이 없으면 떼쓰기를 해봤자 재미도 없고 의미도 없기 때문이지요.

떼쓰는 행동과 감정을 무시했다 치더라도, 조곤조곤 친절한 말투로 아이를 설득하거나 이 상황에 관해 설명하려고 한다면 오히려 아이의 부정적인 행동을 보상해주는 것이 되는데요. "네가 엄마처럼 조용히 말하면 네 이야기를 들어볼게.", "그런 방법은 엄마한테 통하지 않아."라는 말로 부모에게 강요하거나 명령하기는 용납되지 않는다는 것을 분명히 가르쳐야 합니다.

의도적 떼쓰기를 무시해야 아이의 사회성 발달에 도움이 됩니다.

의연하고 품위 있게 힘겨루기를 포기하도록 만들어야 합니다. 아이가 태도를 바꾼다면 그때 곧바로 관심을 보이세요.

긍정적인 경험으로 스트레스 완화하기

떼쓰기가 심한 아이는 긍정적인 자기 이미지를 형성하는 것이 도움이 됩니다. 미술활동을 통한 긍정적인 경험은 스트레스를 완화시켜주고, 자기 이미지를 세우는 데 효과적입니다.

특히 무언가를 재창조하는 미술활동이 좋습니다. 이미 존재하는 그림이나 사진을 보고 그것을 재창조하거나 자신만의 버전으로 그려보도록 하세요.

또 감정 그림 그리기도 좋습니다. 떼쓸 때 느꼈던 감정을 그림으로 표현해보는 것입니다. 아마 대부분 부정적인 느낌을 표현하려고 할 것이고, 색감이나 선, 모양 등이 그리 보기 좋은 모습으로 표현되기 어려울 거예요. 그럴 때 아이는 자신의 내면에서 이렇게 보기 좋지 않은 것들이 피어 올랐다고 인식하게 되고, 떼쓰기를 스스로 조금씩 자제해나갈 수 있습니다.

아이의 전략에
말려들지 마세요

이 그림을 그린 아이는 평소 말대꾸를 잘합니다. 그래서 어른들로부터 야단을 많이 맞아요. 하지만 아이는 자신의 의견을 말하는 게 맞다고 생각해요. 아이는 부모님이 말대꾸 전에 한번 입 다물고 생각해보라고 해서 이를 그림으로 그려보았습니다. 입을 그리지 않음으로써 '말대꾸'를 하지 않아야겠다는 의지를 담았습니다. 하지만 머릿속에는 온갖 말들이 넘쳐 나고 있음을 표현했어요.

엄마: 저녁 먹을 시간이야. 그만 게임 끄고 나오렴.

아이: 아, 진짜! 밥, 밥, 밥! 숙제도 다 했는데 게임도 내 마음
 대로 못 해요?

엄마: 이 녀석이. 약속했으면 지켜야지.

아이: 엄마도 저번에 닌텐도 사주기로 한 약속 안 지켰으면
 서 왜 나한테만 약속 지키라고 해요?

엄마: 그건….

부모의 말에 또박또박 말대꾸하는 아이 때문에 심기가 불편
한가요? 일일이 말꼬리를 잡고 대응하자니 유치하고, 그렇다고
그냥 두자니 점점 화도 나면서 아이가 버릇없어질까봐 걱정인
부모들이 많을 겁니다.

아이의 말대꾸에 화가 난다면

국어사전에 나와 있는 말대꾸의 의미를 살펴볼까요? '말대꾸'
란 남의 말을 그대로 받아들이지 않고 그 자리에서 제 의사를
나타내는 것이라고 합니다. 아이의 말대꾸를 '남의 말을 듣고
그대로 받아들이지 않고'와 '제 의사를 나타냄'이라는 두 가지
기준으로 살펴보면, 아이를 조금 더 쉽게 이해할 수 있습니다.

대부분 부모는 '내 말을 그대로 듣지 않았다.'에 초점이 맞춰

지기 때문에 아이가 대꾸하는 말에 화가 날 겁니다. 어른에게 대든다고 생각해 고쳐야 할 나쁜 행동이라고 여기는 것이죠.

이런 부모의 마음에는 자녀를 통제하고 복종하게 하고 싶은 욕구가 담겨 있습니다. 그래서 아이가 계속 말대꾸를 하면 부모는 더욱 부정적 감정이 격해지는 것이지요.

말대꾸를 애용하는 아이들의 심리

엄마가 야단을 치면 "왜 나만 그걸 해야 해?"라면서 말대꾸를 합니다. 부모가 어떤 지시를 하거나 하지 말라고 하면 "내 마음이야."라고 말대꾸를 하지요.

말대꾸를 하는 아이들은 언어 발달이 빠르며 자기주장이 강한 경우가 많습니다. 어떤 문제 상황에 놓였을 때 이를 해결하기 위해 '말'을 사용하는 것이지요. 어떤 상황에서 승자가 되고 싶고 자기 마음대로 하고 싶은 마음이 강해 누군가의 뜻에 따르려 하지 않는 아이도 있습니다.

말대꾸를 하는 아이의 심리는 다양한 이유에 기반해 발생할 수 있습니다. 아이들은 분노나 불만을 표출할 때 말대꾸를 선택할 수 있습니다.

특히 무력하게 느낄 때나 제한된 선택지가 있을 때 더 그렇죠. 말대꾸는 아이들이 주변 환경에 대한 통제를 얻고자 하는 방법으로 작용할 수 있습니다.

또 흔한 경우로는 수변에서 말대꾸를 하는 행동을 보고 배우는 경우입니다. 가정이나 학교, 친구들 사이에서 이러한 행동을 보이는 모습을 본 아이들은 그 행동을 따라할 수 있죠.

간혹, 상처나 불안 등으로부터 자신을 방어하기 위해 말대꾸를 할 수도 있습니다. 다른 사람으로부터 오는 비판이나 편견에 대응하기 위해 말대꾸를 하는 것이죠.

부모는 말대꾸하는 아이의 전략에 말려들면 안 됩니다. 감정적으로 아이와 똑같이 화를 내면서 힘겨루기를 하기보다는, 일단 감정을 조절하고 아이가 말하고자 하는 의도가 무엇인지 생각해봐야 합니다. 다시 말해 단순히 표면적인 행동만 보지 말고, 그 밑에 숨겨진 아이의 의도를 살펴보세요.

원하는 것을 알고 정확하게 표현하기

보통 아이들은 부모와 한 약속을 지키지 않았을 때, 자신이 혼날 것 같을 때 말대꾸합니다. 이때 아이의 마음은 어떨까요? 내 마음대로 할 수 없다는 불만, 짜증, 좌절 또는 혼나는 것에 대한 두려움이 가득할 겁니다.

아이는 특정 상황에서 갈등을 없애고 자신이 하고 싶은 것을 하기 위해 말대꾸라는 부적절한 방법을 사용합니다. 이럴 때는 상대방의 마음을 다치지 않게 자신의 마음을 표현하는 법을 알려줘야 합니다. 자신의 생각이나 감정, 욕구를 비틀어서 이야기하는 것이 아닌, 있는 그대로 올바른 표현법을 사용하도록 해야 합니다.

"왜 엄마만 마음대로 하고, 나는 마음대로 못 해?"라고 따진다면 이렇게 이야기해보세요.

"다음에는 화부터 내지 말고 '10분만 더 놀고 그다음에 숙제할게요.'라고 말해보면 어때?"

아이는 감정부터 드러내는 것이 아니라 자신이 뭘 원하는지를 알고 그것을 정확하게 표현하는 법을 배워야 합니다. 아이의 말대꾸에 반응할 때는 평정을 유지하는 것이 가장 중요합니다. 감정적으로 아이에게 휘둘리지 않고 평정심을 유지하되 단호하게 말하는 게 좋습니다.

아이에게 '엄마가 내 말대꾸에 반응하지 않네?'라는 것을 인식시키는 것이 중요합니다. 이는 아이에게 모범을 보여주는 것이기도 합니다. 아이의 말에 똑같이 대응하는 것은 엄마가 또 다른 말대꾸를 보여주고 있는 셈이니까요.

상호 존중하는 마음과 예절

말대꾸하지 않아야 하는 이유와 말대꾸를 했을 때 어떤 안 좋은 점이 발생하는지 이야기해주는 것이 좋습니다. 기본직으로 말대꾸는 상대방에 대한 존중과 예의가 없는 행동이라는 것을 가르쳐주세요.

말대꾸를 하게 되면 대화의 원활한 진행을 방해할 수 있고, 이는 상대방과의 관계를 해칠 수 있습니다. 이것은 부모님, 선생님과도 마찬가지고 친구 관계에서도 해당되는 이야기입니다. 아이의 건강한 친구 관계를 위해 반드시 알려주셔야 합니다.

말대꾸가 아닌 의견 물어보기, 의견 표현하기 등으로 대화를 이어가는 방법을 알려주셔도 좋습니다. 아이는 대화를 어떻게 이어가야 할지 모르고 있을 수도 있으니까요.

이렇게 알려준 것을 아이가 잘 받아들여 예의 바르게 대화하거나 말대꾸를 하지 않고 이야기를 질 들을 때는 반드시 칭찬을 해주세요. 칭찬의 말이나 긍정적인 피드백은 아이의 올바른 행동을 더욱 강화시켜줍니다.

아이가 입을 다무는 데는
분명 이유가 있습니다

아이는 자신의 모습을 도깨비로 표현했습니다. 그림을 그린 아이는 자신이 이야기하면 도깨비랑 이야기하는 듯 아무런 질문도 답도 하지 않는 부모님이 이해가 안 된다고 합니다.

 그래서 입을 다물고 어떤 대화도 시도하지 않고 있지만 아이의 속마음은 그렇지 않아요. 잘 듣기 위한 귀, 말하기 위한 입을 그린 것을 보니 부모님과 이야기를 잘하고 싶은 의지도 보입니다.

부모는 아이의 학교생활이 어떤지 궁금합니다. 친구 관계는 어떤지, 선생님의 성향은 어떤지 물어보게 되지요. 이럴 때 아이가 속 시원히 대답을 잘해주면 좋으련만 단답형이거나 "몰라요."라고 대답하는 경우가 많아요. 심지어 우리 아이가 학교에서 어떤 일이 있었는지를 말이 많은 자녀를 둔 옆집 부모에게 전해 들을 때도 있어요.

아이가 이야기하기 싫어하는 이유

부모: "오늘 학교에서 뭐 했어?"

아이: "미술 시간에 발표하고 싶어서 손 들었는데 (눈물 글썽이며) 선생님이 나만 안 시켜주셨어."

부모: "뭘 그런 걸 가지고 그래. 별거 아니야." → 사소한 것이라고 여기고 무시

"울지 마. 뚝!" → 부정적 감정 표현 차단

"네가 뭘 잘했다고 울어." → 반감과 질책

"어이구 바보같이. 그럴 때는 '선생님, 저도 발표할래요.'라고 똑 부러지게 얘기를 해야지." → 평가 및 지적

아이가 부모와 대화하지 않으려는 데는 다 이유가 있습니다. 평소 어떤 태도로 아이와 대화를 했는지가 중요합니다. 아이의

이야기를 끝까지 들어보지도 않고 아이의 행동을 평가하거나 감정 표현을 하지 못하도록 억압하지는 않았는지 아이와 대화할 때 내 모습을 돌아볼 필요가 있습니다.

나도 모르게 아이의 감정은 잘못된 것이며 분노, 슬픔, 두려움, 당황과 같은 부정적인 감정은 표현하지 말고 참아야 한다고 가르쳤을지도 모릅니다. 그렇게 되면 아이는 더 이상 말하려고 하지 않을 거예요.

아이로서는 부모의 물음에 대답하지 않거나 모른다고 하는 게 편합니다. 부모로부터 어떤 행동에 대한 평가나 지적을 받지 않아도 되거든요.

새로운 환경에 적응하기 힘들어해요

아이의 기질과 성격이 예민하고 소심한 경우 유치원, 학교, 학원 등 기관에 관련된 질문에 선뜻 대답하지 못하거나 단답형으로 대답할 수 있습니다.

또한 기관 생활에 즐겁게 참여하고 있다기보다는 긴장하거나 불편감을 느끼며 겉돌 수도 있어요. 새학기에 특히 이러한 모습이 많이 나타납니다. 그런 상태가 한 달이 넘도록 지속된다면 담임선생님과 상의해보는 게 좋습니다.

어린 시절의 성향은 어른이 된 뒤에도 영향을 끼칩니다. 그렇다고 해서 기질이 인생을 결정하는 건 아닙니다. 아이의 기질이 어떠한지 잘 파악해 그에 맞는 방식으로 이끌어주어야 합니다.

아이의 기질을 이해하면 그에 맞는 부모님의 태도를 결정하기 조금이나마 수월해집니다. 아이의 기질은 어떻게 파악할 수 있을까요?

몇 가지 온라인 툴이나 책에서 제공하는 성향 테스트 등이 있습니다. 하지만 이런 테스트나 체크리스트는 참고용으로만 활용해야 하고, 정확한 판단을 위해서는 무엇보다 아이에 대한 관심과 관찰이 필요합니다.

그러니까 우리 아이 기질은 A다, B다 등의 딱 떨어지는 타입의 규정이 아니라 소통, 관찰, 양육자의 눈으로 본 아이의 행동 분석 등으로 내 아이 기질을 몸소 파악하는 것이죠. 아이의 행동과 반응을 꾸준히 관찰하는 게 가장 중요합니다.

이런 상황에서는 어떻게 행동하는지, 어떤 활동을 선호하는지, 어떤 것을 요구하는지 등을 통해 아이를 이해할 수 있습니다. 또 자주 소통하며 감정을 잘 들어주세요. 아이가 세상을 어떻게 인식하고 대응하는지는 오로지 깊은 대화를 통해서만 알 수 있습니다.

그럼에도 내 아이 기질을 도무지 파악하기 어렵다면 전문가의 도움을 받는 것 또한 적극 권장합니다. 전문가는 여러 가지

데이터와 통계자료, 검사지 등을 통해 아이의 특성을 파악하고 적절한 지침을 제공할 수 있습니다.

아이에게 질문할 땐 구체적으로

가정을 아이의 감정 학교로 생각해주세요. 가정은 아이가 가장 먼저 정서 능력을 발달시키는 곳입니다. 아이는 가족과의 대화를 통해 다양한 감정 단어들을 배우고, 또 자기감정을 자유로이 표현하는 연습을 합니다.

그동안 이런 연습을 충분히 하지 못했다면 "몰라."라며 대화를 거부할 수도 있고, "그냥요."라며 대충 대답할 수도 있어요. 그럴 때는 부모님이 먼저 시범을 보여주세요. 대화의 기술인 '스몰 토크Small talk'를 많이 하는 거예요. 가벼운 일상, 재미있는 얘기, 유행하는 이슈 등을 먼저 들려주는 것입니다.

아이에게 어떤 질문을 할 때는 구체적으로 물으세요. 아이가 귀찮다는 듯 "몰라." 하고 대화를 차단하더라도 포기하지 말고 구체적으로 물어야 구체적인 대답을 끌어낼 수 있습니다.

학교에서 친구와 싸워서 화가 난 상태로 귀가한 아이에게 구체적으로 '친구랑 싸운 게 수업 시간이었는지, 쉬는 시간이었는지', '평소 친했던 친구였는지', '싸우게 된 이유가 뭔지'를 물어보세요. 아이 입장에서는 "왜 싸웠어?", "어떻게 된 일이니?"

와 같은 질문보다 훨씬 대답하기 쉬울 것입니다.

이럴 때 아이에게 학교생활을 그림으로 그려보게 하는 것도 좋은 방법입니다.

이 시기의 아이들은 아직 표현력이 부족해요. 그림은 아이의 감정과 하고 싶은 이야기를 마음껏 들여다볼 수 있는 거울이에요. 부담감을 내려놓고 자신의 감정을 고스란히 표현하므로 아이의 학교생활을 이해하는 데 큰 도움이 됩니다.

그림을 그릴 때 아이에게 학교에서 다른 친구들과 선생님들을 다 등장시켜 온전한 사람 모양으로 그리게 합니다. 색칠을 해도 좋습니다. 그림을 그린 순서와 그림 속 인물에 대해 물어보고 어떤 객관적인 사실을 알아보는 것보다는 그림에 표현된 일을 경험하거나 인물에 대한 감정을 살펴보고 아이의 입장에서 듣는 것이 좋아요.

지속적으로
안심의 메시지를 전달하는 것

아이는 늘 깔끔하고 깨끗하다는 소리를 듣습니다. 이런 칭찬이 좋아서 어릴 때부터 잘 씻는대요. 그게 습관이 되어서 지금은 지나칠 정도로 세균이나 청결에 신경을 쓰게 되었다고 합니다.

자주 씻지 않으면 몸에서 벌레가 나올 것 같아서 근질근질하고, 더러운 곳은 가고 싶지도 않대요. 아이의 그림을 통해서도 깔끔한 것에 집중하고 있는 것이 보입니다. 강박사고와 강박행위를 보이는 이 아이에게 불안과 걱정은 당연한 일입니다.

아이의 샤워 시간이 너무 길어진다든지, 손을 하루에도 몇 번이나 씻는다든지 청결에 심하게 집착하거나 과도한 행동을 하면 부모는 '강박 증상'이 아닌지 생각하게 됩니다. 장난감을 순서대로 배열하거나 문을 여닫고 전등 스위치를 계속 확인하기도 하고요. 눈에 띄게 이상한 행동이 반복되는데 혹시 우리 아이가 강박 장애는 아닐까 두려워 병원을 찾는 부모들도 늘고 있습니다.

자칫 그냥 지나치기 쉬운 소아 강박 장애

아이가 성장하면서 강박적인 생각과 행동을 보일 때가 있습니다. 물론 일상에 방해가 되지 않을 정도라면 그리 걱정할 문제는 아닙니다. 그러나 단순히 아이가 꼼꼼하고 깔끔한 성격이라 그럴 수도 있다고 생각하거나 일시적인 불편함 때문에 '잠시 나타나는 거겠지.' 하며 지나칠 수 있는 증상도 있습니다. 바로 '소아 강박 장애Obsessive-Compulsive Disorder'입니다.

강박 장애의 첫 단계는 본인의 의지와는 상관없이 어떤 장면이나 생각이 떠오르며 불안함을 느끼는 것입니다. 자신이나 가족들이 사고로 다칠까봐 두려워합니다. 물건을 놓을 때 대칭에 유의하며 정리에 집착합니다. 먼지나 모래가 묻었을까봐 집에 오면 여러 번 씻기를 반복합니다. 어떤 숫자만큼 행동을 반복하는 것도 이에 해당됩니다. 2주 이상 또는 일상생활에 어려움을 겪을 정도로 위 행동이 계속된다면 전문가의 도움이 필요합니다.

불안을 없애기 위해서 특정 행동(강박행위)을 반복하는데 이러한 행동으로 일상생활에 불편함을 초래한다면 강박 장애라 진단합니다.

강박 장애는 평균 19~20세에 시작되지만, 약 25%는 14세 이전에 시작됩니다. 뇌가 급격히 자라는 5~8세 무렵이나 10~12세경에 많이 나타납니다. 아동기 및 청소년기의 강박 장애에 대한 연구들에서는 강박 장애의 평균 시작 연령을 약 10세경으로 봅니다.

두려움을 덜어주는 의식, 강박행위

강박사고는 스트레스와 두려움을 유발하고 반복해서 같은 생각이 떠오릅니다. 생각하고 싶지 않지만 멈출 수 없다고 느낍니다. 세균에 대한 걱정, 병에 걸리거나 죽는 것, 모든 것이 '정확해야' 한다는 느낌 등이죠.

강박행위로는 아이가 기분 전환을 위해 하는 행동으로 강박적인 생각을 멈추고 두려움을 덜어주는 의식처럼 보일 수 있습니다. 아이는 부모에게 정해진 횟수나 방식으로 무언가를 말하거나 하라고 요구하면서 이 의식에 부모를 참여시킬 수도 있습니다.

- 청결 행동: 더러운 것(병균, 벌레, 오염 물질 등)에 더럽혀졌다는 생각을 함. 이를 제거하기 위한 반복적 행동.
- 확인 행동: 실수(가스 밸브를 잠그지 않음)나 사고(불이 남)에 대한 의심과 더불어 이를 피하기 위한 행동.
- 반복 행동: 무의미하거나 동일한 행동(옷을 수십 번씩 입었다 벗었다 반복)을 의식처럼 함.
- 정돈 행동: 주변 사물을 질서정연하게 정돈함. 대칭과 균형을 중시하여 수시로 주변을 재정리하는 행동.
- 수집 행동: 낡고 무가치한 쓸모없는 물건을 못 버리고 모으는 행동.
- 지연 행동: 세부적인 것에 과도하게 신경을 써 어떤 일을 처리하는 속도를 느리게 만드는 행동.

외에도 숫자를 세거나 어떤 단어를 반복적으로 외우기, 과도한 안심 추구(부모에게 반복적으로 확인하는 질문) 등이 있습니다.

잘못된 습관인지 강박행위인지 파악하기

강박 장애는 '노출 및 반응 방지법Exposure and Response Prevention' 으로 치료할 수 있습니다. 강박사고를 유발하는 자극에 의도적으로 노출한 뒤 뒤이어 오는 강박행위를 하지 못하도록 제지하는 것이죠. 이를 견뎌내는 경험을 통해 자극에 점차 둔감해지도록 하는 치료법입니다.

강박사고로 인한 불안을 해소하기 위해 강박행위를 하게 되는데 이를 하지 않았을 때 실제로 걱정하는 일이 발생하는지 직접 경험하고 견뎌보도록 하는 것입니다.

간혹 이런 아이들의 모습을 잘못된 생활 습관 때문으로 오인하여 습관을 바로잡듯이 훈육하려 하는 부모들이 있습니다. 강박행위는 단순히 노력한다고 고칠 수 있는 게 아니기 때문에 정확히 파악한 후에 개선을 시도해야 합니다. 강박행위를 멈추는 것은 아이 스스로 조절할 수 없는 부분이거든요.

아이를 도와주려는 마음으로 이런저런 시도를 하지만, 이는 오히려 강박 장애 아이의 증상을 더욱 강화하기도 합니다. 아이가 변하지 않는다고 좌절하여 폭발적인 화나 짜증을 퍼붓는다면 아이의 불안과 강박은 더욱 심해질 수 있습니다.

강박사고와 강박행위를 보이는 아이에게 불안은 자연스러운 현상이며, 이를 극복하기 위해 함께 노력할 것이라는 안심의 메시지를 전달해주는 것이 중요합니다. 부모의 과잉 통제는 강박사고와 강박행위를 보이는 아이에게는 오히려 독이 된다는 사실을 잊지 마세요.

감정 처리를 도와주는 자유화 그리기

강박 장애를 가진 아이들에게는 주제를 정하지 않고 그림을 그릴 수 있는 자유화가 좋습니다. 매체, 종이, 주제, 재료 모든 것을 조금도 통제하지 않고 자유롭게 할 수 있도록 환경을 만들어주세요.

매일 그림일기를 작성하는 것도 도움이 됩니다. 하루를 요약하고 그 내용을 토대로 그림을 그려보는 것이죠. 오늘 하루 이런 일들이 있었고, 걱정하거나 강박적으로 생각했던 일들이 결국 일어나지 않고 잘 지나갔다는 것을 매일 자연스럽게 인식할 수 있도록 하는 것입니다.

이를 통해 강박사고를 조금씩 해소하고 강박행위나 감정을 처리하는 데 도움이 될 수 있습니다. 가정에서의 여러시도나 미술활동으로도 차도가 없을 경우, 전문가의 지도나 지원이 필요합니다.

부모 자신의 스트레스를
먼저 들여다보세요

붉은 선으로 아무것도 하지 못하게 묶어둔 줄을 표현함으로써 부모와 어른들에 대한 불만을 나타낸 그림입니다.

아이는 어떤 일을 할 때 항상 자신의 의견을 이야기합니다. 그런데 부모님이나 선생님은 의견을 이야기하는 것이 아니라 반항을 한다고 야단칩니다. 마음대로 하지도 못하게 하고 무언가를 하려고 할 때면 하지 말라고 잔소리만 한다고 이야기해요. 아이는 그저 제 불만을 이야기하는 것일 뿐인데 말이죠.

수업이 모두 끝난 후 아이들이 책가방을 싸는 사이 담임선생님은 유진이의 책상 옆에 떨어진 색종이 조각을 발견했습니다. 유진이에게 색종이 조각을 주워서 버리라고 하자 유진이는 이렇게 이야기합니다.

"내가 왜 그걸 해야 해요?"

대한민국 사춘기 아이들의 흔한 대화법이라고나 할까요. 반항심은 청소년기 아이들의 두드러진 특성입니다. 그런데 요즘에는 청소년기가 아닌, 아동기의 초등학교 아이들에게도 이런 반항심이 두드러지게 나타납니다.

사춘기도 아닌데 매사 반항적이라면?

초등학교 3~4학년까지는 별다른 문제가 없다가 사춘기 때 갑자기 나타나는 반항 행동은 사춘기 반항일 확률이 높습니다. 이에 반해 어려서부터 부모나 교사의 말을 듣지 않고 반항적·논쟁적이며 화를 많이 낸다면 '적대적 반항 장애Oppositional defiant disorder'일 가능성이 큽니다.

적대적 반항 장애의 첫 증상은 보통 초등학교 입학 전에 나타나는데 청소년기 이후에 발병하는 경우는 아주 드뭅니다. 적대적 반항 장애는 부정적이며 지시에 따르지 않고, 선생님이나 부모님 같은 권위적인 대상에게 적대적 행동을 보입니다. 또래

와는 별다른 어려움이 없는 경우가 많고, 사회적 규범을 따르지 않거나 타인의 권리를 침해하는 행동을 하지는 않습니다.

얼핏 보면 적대적 반항 장애는 ADHD, 불안 또는 호르몬 변화 같은 다른 증상과 헷갈릴 수도 있습니다. 또한 나이와 성별에 따라 다르게 나타날 수 있는데요. 남자아이의 경우 공격적인 행동으로 나타나지만, 여자아이는 거짓말을 하거나 어른들의 명령을 거부하는 경우가 많습니다.

품행 장애, 인격 장애로 발전할 수 있습니다

적대적 반항 장애 아동은 분노 조절을 하지 못하고 부모와 자주 말다툼합니다. 짜증도 많고 화도 많습니다. 어른의 지시나 부탁은 잘 듣지 않아요.

흥미로운 것은 집이나 학교에서는 이런 문제 행동이 나타나지만, 낯선 사람을 상대할 때나 낯선 장소에서는 전혀 그런 문제가 드러나지 않습니다.

하지만 지속적으로 이러한 문제 행동이 반복되면 결국 대인관계가 어려워지고 학교에서도 학업 수행 능력에 문제가 생깁니다. 학교에서 주어지는 숙제나 시험에 반항적인 태도를 보이기 때문입니다. 우울을 동반하기도 하며 쉽게 좌절하며 분노를 제어하기 힘들게 되므로 적절한 개입이 필요합니다.

적대적이고 반항적인 행동을 지속적으로 보인다면 청소년기의 품행 장애로 발전하게 됩니다. 성인이 된 후에는 반사회적 인격 장애로 진단될 가능성이 있어요.

'긍정적인 양육 기술'의 실천

적대적 반항 장애 아이 가운데 약 4분의 1은 시간이 지나면 자연스럽게 정상적으로 돌아온다고 알려져 있습니다. 그러므로 인내심을 가지고 부모가 아이를 지지하면 아이도 점차 자기 감정을 통제하게 됩니다.

물론 부모 입장에서 적대적 반항 장애를 앓고 있는 아이를 키우기란 쉽지 않습니다. 마치 부모 속을 일부러 뒤집어놓으려는 듯이 뻔뻔하고 도발적으로 행동하니 속이 타들어갑니다. 하지만 버릇없는 행동이라고 강압적이고 감정적으로 대응하면 아이는 더 반항하고 악순환이 계속될 거예요.

가정에서 부모가 할 수 있는 최고의 해결 방법은 자녀의 나이에 적절한 한계를 정하고 '긍정적인 양육 기술Positive parenting techniques'을 일관성 있게 지속하는 것입니다. 긍정적인 양육 기술에는 다음과 같은 것들이 있습니다.

- 긍정적인 강화: 원하는 행동이나 성과에 대해 칭찬하고 보

상하는 것으로 아이의 자신감을 향상시키는 것입니다. 물론 너무 과도할 경우 부작용이 생길 수 있죠. 우리 가정만의 적절한 기준을 설정하고 아이와 공유해야 합니다.

- 타임아웃: 아이의 부정적인 행동을 중단시키고, 제한적인 환경에서 아이에게 시간을 갖게 합니다. 그를 통해 자신의 행동을 반성할 기회를 주는 것이죠. 규칙을 어기면 타임아웃을 받게 될 것이라고 명확하게 알려주는 것이 중요합니다.
- 칭찬: 아이가 어떤 행동을 했을 때 구체적인 칭찬과 긍정적인 언어를 사용하여 격려하는 것입니다. 이때, 아이의 노력과 과정에 초점을 맞추고 일관성을 유지해야 합니다.
- 모델링: 부모의 행동이 아이에게 영향을 미친다는 것을 전제로, 항상 부모의 언행을 긍정적이고 규칙을 지키는 모습으로 모델링하여 아이에게 올바른 예를 보여주는 것입니다.

부모부터 스트레스 관리하기

이외에도 긍정적인 양육 기술에는 여러 가지 방법이 있습니다. 하지만 가정에서 이를 꾸준히 실천하기란, 사실 쉽지 않습니다. 이때 '부모-자녀 상호작용 치료Parent-Child Interaction Therapy, PCIT'가 도움이 될 수 있습니다. 마치 다이어트를 목표로 혼자도 충분히 운동할 수 있지만 의지를 다지고 더 전문적으로 효과를 보기 위해 헬스 트레이너를 찾는 것과 같습니다.

부모-자녀 상호작용 치료는 전문가가 아이와의 상호작용을 통해 부모를 지도하여 유대감을 형성하고 생산적인 양육 기술을 갖추게 하며 적대적 반항 장애의 증상을 최소화할 수 있게 하는 치료의 한 형태입니다. 아이와 함께 치료를 받으며 서로를 들여다보고 지지해주고 긍정적인 에너지로 함께 만들어보세요.

무엇보다 선행되어야 하는 것은 부모 자신의 스트레스를 관리하는 것입니다. 자신의 양육 태도와 마음가짐을 뒤돌아보는 것도 가정의 건강한 삶을 위한 밑거름이 되어줄 것입니다.

아이를 돌보는 것만큼 부모 자신을 돌보고 휴식할 수 있는 시간을 조금씩이라도 확보해야 합니다. 거창한 취미나 여행이 아니라 일상에서 10~30분씩이라도 자기 자신을 위한 시간을 갖는 것입니다. 모든 관심과 시간을 아이를 위해 쓰고 있다면, 잠시 멈춰주세요. 아이의 마음만큼 내 마음에도 신경을 써야 합니다.

깊은 호흡이나 명상, 긍정적인 자기 대화 등으로 스트레스를 완화시키고 틈틈이 마음을 돌보세요. 아이의 반항과 거친 행동에 부모도 상처를 받습니다. 이럴 때 무작정 같이 화내거나 맞대응하기보다는 아이와 잠시 분리되어 내 마음을 돌보는 시간이 필요합니다.

학교, 아이의 사회생활이
시작되는 곳

〈달마도〉를 보고 아이는 서당 선생님 얼굴같이 보여서 따라 그려봤다고
합니다. 무슨 일만 있어도 야단맞고 비난을 받으니 학교가 싫습니다. 학
교에만 가면 배가 아프다고 조퇴도 많이 한다고 합니다.

왜 학교에 가기 싫은지 근본 원인을 찾아보고 아이가 학교에 적응할
수 있는 방법을 함께 고민해보아야 합니다. 학교는 아이가 사회생활의
기초를 다지는 곳이라는 걸 잊지 마세요.

오늘도 현관 앞에서, 방문 앞에서 학교에 안 가겠다고 실랑이를 벌입니다. 아침마다 학교에 가기 싫다고 투정을 부리고, 친구들이 너무 싫고 싸웠다고 자주 짜증을 냅니다. 아이를 키우는 부모라면 누구나 한 번쯤 이런 경험이 있을 거예요. 하지만 매일 아침 이런 상황이 벌어진다면 어떻게 해야 할까요?

등교 거부증의 원인은 일상생활에 있다

학교에 가는 것을 무서워하고 등교할 때 불안이 심해지는 것을 '등교 거부증'이라고 합니다. 등교를 거부하는 아이의 특징을 살펴보면 능교 시간이 가까워지면 정신적으로 불안정하게 되어 구토, 두통, 복통 등의 신체적 증상이 나타납니다. 오후가 되면 차분해지는 증상을 보이고, 병원에 가면 이상이 없다는 경우가 많습니다.

등교 거부는 '새 학기 증후군'의 형태로도 나타납니다. 방학이 끝나고 새 학기가 되어 등교할 때마다 나타나는 증상이지요. 등교 거부는 일시적인 현상일 수 있습니다. 하지만 심해지면 다양한 불안 장애, 우울 장애 등으로 이어질 수 있으니 유심히 지켜봐야 합니다.

초등학교에 막 입학했거나 초등학교 저학년이라면 '분리불안'이 원인인 경우가 많습니다. 이 경우에는 엄마와 떨어져 있어야 한다는 불안감 때문에 가지 않으려 하고, 등교 시간만 되면 특별한 원인이 없는데도 신체 증상을 호소하게 됩니다. 이 외에도 다양한 원인이 있는데 지능이 떨어지거나 학습 장애가 있는 경우, 우울증 혹은 사회공포증 및 기타 정신질환, 학교에서 따돌림을 당하거나 괴롭힘을 당할 때도 등교를 거부할 수 있습니다.

아이가 학교에 가기 싫은 데는 다양한 원인이 있을 거예요. 그럼에도 그 원인은 살피지 않고 꾀병이다, 다들 싫어도 간다는 등의 잔소리나 비난은 심리적 스트레스만 주게 됩니다. 이는 우울증, 대인 기피, 공격성 등 다양한 형태로 발현됩니다.

모든 등교 거부가 심각한 것은 아닙니다. 그저 컨디션이나 기분이 안 좋아서 생기는 일시적인 것일 수도 있습니다. 그럴 때는 아이의 마음을 알아주고 타이르면서 힘들어도 잘해보자고 격려하면 자기 억제 시스템이 가동해 의욕이 생깁니다.

하지만 장기적으로 등교 거부를 한다면 억제력 미숙을 의심해봐야 합니다. 이러한 아이들은 의존적이고 자기중심적이며 자기 마음대로 하려고 합니다. 때문에 학교생활도 어렵고 대인 관계도 힘들며 끈기도 없고 쉽게 싫증을 내고 무기력해 보일 때도 있습니다.

아이의 일상생활을 더 주의 깊게 살피세요. 열린 마음으로 아이와 대화하면 아이가 심리적으로 어려운 상황에 맞닥뜨렸을 때 적절한 대책을 세울 수 있습니다. 기간이 길어지면 악순환이 되므로 가능하면 빨리 원인을 찾아 해결해 학교에 갈 수 있도록 하는 것이 중요합니다.

'싫어도 해야 하는 게 있다'는 것을 인식시키기

단순히 학교에 가는 것을 싫어한다면 아이가 '집에 있는 것이 좋다.'라는 생각을 하지 않도록 심심하게 만드는 것도 하나의 방법입니다. 아이가 학교에도 안 가고 집에 있으니 안쓰럽고 걱정되는 마음에 체험 학습이나 외식을 하고 엄마와 재미있는 시간을 보내는 경우가 있는데 이는 바람직하지 않습니다. 집에 있더라도 특별하지 않게 오히려 더 지루한 시간을 보낸다면 아이가 집에 있는 것보다 학교에 있는 것이 더 낫다고 생각할 수도 있습니다.

또한 '하기 싫어도 해야 할 일'이 있다는 걸 경험할 수 있도록 해야 합니다. 학교에 가지 않으면 아이가 겪게 될 불이익이나 서먹해질 친구들과의 관계도 이 중 하나가 될 수 있습니다. 학교에 다녀와서 무언가를 해냈다는 성취감, 뿌듯함을 느낄 수 있게 해주는 것도 좋습니다. 경험하지 않거나 하기 싫은 일을 그저 회피하지 않게 해주세요. '막상 해보니 할 수 있구나.'라는 생각이 쌓이면 학교 가는 일에 대한 두려움도 점차 사라질 거예요.

다양한 재료와 방법으로
더 많은 표현을 이끌어주세요

재료는 그림을 표현하는 데 흥미를 갖게 해주고 그림의 결과물에도 상당한 영향을 미칩니다. 먼저 미술재료는 간단하고 쉽게 만들 수 있는 것, 아이가 다루기 쉬운 것이 좋습니다. 또한 아이의 상태나 성향, 시간이나 공간 등에 다른 것을 활용하는 게 좋습니다. 주변에 있는 크레파스, 색연필, 물감, 연필 등과 플라스틱 통, 종이 상자, 신문지 등도 아주 좋은 미술 재료가 될 수 있습니다.

그림육아에서 아이는 스스로 재료를 선택할 수 있으며 하고 싶은 대로 표현할 수 있습니다. 이는 자신이 직접 주도하고 조절하는 경험이 됩니다.

- 데칼코마니

물감 등을 활용하여 한쪽에 색을 칠하고 종이를 접은 뒤 대칭형 그림으로 우연 효과를 보여주는 활동입니다. 여러 종류의 미술재료를 만지면서 얻는 경험들은 그 자체로 치유 효과가 있습니다. 스트레스가 완화되고 불안도 줄어드는 재미있는 활동입니다.

- 콜라주

콜라주는 잡지에 있는 사진이나 그림책에 있는 그림을 찢거나 오려서 도화지 위에 자유롭게 붙여서 그림으로 표현하는 활동입니다. 그림 그리기를 힘들어하는 아이들이 쉽게 접근할 수 있는 프로그램이에요. 사진 자료가 많은 책이나 잡지 등을 아이에게 주고, 받고 싶은 선물을 꾸며보라고 하면, 아이가 원하는 것이 무엇인지 직접적으로 알 수 있으면서 아이의 심리 상태를 파악하는 데 도움을 받을 수 있습니다.

- 만다라

만다라란 고대 인도어인 산스크리트어로 '원', '근원'이라는 의미예요. 만다라는 오래전부터 명상 수행하는 방법 가운데 하나로, 아이의 성향과 심리 상태를 파악하는 데 유용합니다. 부모가 원을 그리고, 아이에게 원의 안쪽이나 바깥쪽을 선택해서 그림을 그리고 색칠하라고 하세요. 아이가 주로 어떤 색으로 그림을 그렸는지 살펴보면, 아이의 성향을 알 수 있어요. 빨간색 계통을 많이 쓰는 아이는 외향적이며 적극적이고, 파스텔톤의 색상을 쓴 아이는 온순하며 성격이 부드럽습니다. 파란색 계통은 내성적이며 차분한 성향을 나타냅니다. 원 바깥을 집중적으로 표현하는 아이는 외향적, 반대로 원 안에 집중해 표현하는 아이는 내성적이고 침착한 성향입니다.

편하게 여러 색깔로 알록달록하게 칠하다보면 나만의 만다라가 완성됩니다. 만다라를 완성하며 아이는 성취감뿐만 아니라 집중력 강화, 스트레스 완화, 마음 치유, 인지정서 발달 등의 효과를 누릴 수 있습니다.

· 점토

감각과 상상력을 발달시키는 데 최고의 미술재료입니다. 마음속의 불안 충격을 흡수하는 재료적 특징이 있습니다.

아이가 점토를 사용하여 자신이 좋아하는 사람과 싫어하는 사람을 만들게 해보세요. 아이가 어리면 도화지 위에 평면적으로 만들게 하고, 좀 큰 아이들은 입체적으로 만들게 하는 것도 좋습니다. 만들고 나서 좋아하는 사람이라면 왜 좋은지, 싫어하는 사람이라면 왜 싫은지를 물어보면 아이는 생각보다 훨씬 쉽게 자신의 마음을 이야기할 것입니다.

PART 5

스스로의 속도를 믿는 힘

유난히 말을 일찍 트거나, 또래보다 발달 과정이 빠른 아이들이 있습니다. 당연히 느린 아이들도 있고요. 월령에 따라, 연령에 따라 아이들의 표준적인 발달 과정이 있지만 사실 아이들은 다 제각각의 속도로 자랍니다.

부모님들 입장에서야 우리 아이가 조금 늦는다는 느낌이 들면 초조하고 불안하실 거예요. 하지만 부모님이 불안하면 아이도 불안하다는 걸 늘 기억해주세요. 믿고 기다려주면 아이는 그 마음을 반드시 느낍니다.

사실 아이는 자신만의 속도로 세상을 배워가고 적응해가는 중입니다. 성향과 기질이 아이마다 다르듯, 속도도 저마다 다르기 마련입니다. 우리 아이를 있는 그대로 받아들여주세요.

아이가 조금 늦거나 좀 더 예민하거나, 또는 또래 아이들과는 다른 행동을 보일 때, 그림 그리기는 아이에게 새로운 창구가 되어줍니다. 감정의 해소와 억제, 감각의 표출, 긴장감 완화 등 여러 방면으로 도움이 될 수 있습니다.

낮은 수준의 자극부터
점차적으로 탐색하는 경험

콜라주 기법으로 동물들을 그림에 넣어 예민한 자신의 모습을 표현했습니다. 자동차 소리에 모든 동물들이 놀라고 있네요.

이 그림을 그린 아이는 조그만 소리에도 깜짝깜짝 놀란다고 이야기합니다. 작은 소리도 크게 들리고 늘 청각의 자극에 노출되어 있다보니 한껏 예민해져 있을 수밖에 없죠. 검은색 크레파스로 쓴 글자와 선을 통해 소리에 대해 불안한 자신의 마음을 표현하고 있습니다.

작은 소리에도 잘 놀라거나 손에 모래가 아주 조금 묻는 것조차 싫어하는 아이들이 있습니다. 심지어 옷의 박음질 느낌이 불편해서 뒤집어 입는 아이도 있지요.

이는 뇌가 외부 환경 혹은 신체 내부로부터 들어오는 감각 정보를 효율적으로 처리하지 못해 감각 조절의 어려움이 있는 상태로, 특히 '감각에 과민 반응Sensory Over-Responsivity'을 보이는 유형입니다.

일상의 자극도 공포가 됩니다

이러한 유형의 아이는 외부 환경이나 신체로부터 들어오는 감각 자극이 일반 사람에 비해 더 세게 느껴지는 상태라고 볼 수 있습니다. 가족의 신체 접촉도 거부할 정도로 누군가 만지거나 접촉하는 것을 피합니다. 손이나 옷이 더러워지는 놀이를 싫어해 점토, 모래, 끈적이는 촉감 활동을 하려고 하면 난리가 나고요. 특정한 옷감의 재질, 식감 등에 과민함을 보이기도 합니다.

감각에 과민 반응을 보이는 아이는 많은 사람이 아무렇지 않게 느낄 만한 가벼운 자극도 상당히 불쾌한 자극으로 느끼기 때문에 평범한 일상의 자극들이 부정적인 정서와 행동을 일으키는 원인이 됩니다.

주로 촉각 영역에서 어려움을 겪는 아이들이 많습니다. 촉각은 신체를 인식하고 운동 계획 능력의 발달에 영향을 끼치므로, 모든 일상생활에 관여하는 중요한 감각이기 때문이지요. 예를 들어 옷 입기, 머리 빗기, 목욕하기, 칫솔질하기, 식사하기, 화장실 가기, 학교 가기 등 모든 행동이 이에 포함됩니다. 이런 아이들은 매사에 자극을 과도하게 인지해 다른 감각에 집중하기 어렵고, 새로운 환경에서의 경험을 어려워합니다. 적극적으로 수업 활동을 하는 것이 어렵기도 하죠. 감각 경험에 대한 공포가 감정으로 연결되면, 불안과 공격적인 모습이 나타날 수 있습니다.

감각 경험에 대해 항상 경계하고 방어하느라 에너지를 많이 사용하기 때문에 정작 학습과 사회적 상호작용에 필요한 에너지가 부족하기도 합니다.

낮은 감각부터 순차적으로 접할 수 있도록

미술활동은 감각 처리에 어려움을 겪는 아이에게 감각에 대한 안전한 노출뿐만 아니라, 색채를 사용하여 흔적을 남기고 작품을 만들 수 있게 합니다. 그림이나 공예품의 완성은 아이가 자신을 표현하면서 즐거움을 느끼고, 동시에 성과물을 통해 성취감을 얻음으로써 감각 조절에 대한 동기가 되어줍니다.

자극에 극도로 한계를 두는 아이라면, 무조건 자극에 노출되도록 하는 것보다는 안전한 공간에서 다양한 자극을 점층적으로 탐색하게 하는 것이 좋습니다. 감각에 대해 인식하는 범주를 주도적으로 넓혀갈 수 있도록 돕는 것이죠.

이때 부모와 하는 것도 물론 좋지만, 필요하다면 전문가와 함께 안전하고 다양한 매체를 탐색하고 몰입하여 다뤄보는 것도 도움이 됩니다. 찢고, 뜯고, 뭉치고, 던지고, 두드리기 쉬운 점토나 신문지 같은 재료를 충분히 제공하여 안전하고 충분한 감각을 제공할 수 있습니다.

미술재료들 자체에 손을 대기 싫어하는 아이들도 있는데요. 이런 아이들은 '감각 방어' 또는 '촉각 방어'를 보이는 것으로, 뇌에서 이를 해로운 자극으로 판단해 차단해버리는 것입니다. 이런 경우에는 낮은 수준의 매체부터 심하게 방어를 보이는 매체까지 아주 점진적으로 다룰 수 있도록 순차적으로 제시하는 것이 중요합니다.

예를 들어 아이가 갑작스러운 촉각 자극에 압도되지 않도록 다루기 힘든 매체는 지퍼백에 넣어 간접적으로 만져보게 하거나, 일회용 비닐장갑 등을 활용하여 촉감을 느낄 수 있도록 하고, 좋아하는 물감이나 다양한 매체를 섞어 자연스럽게 직접 만져보며 놀이할 수 있도록 합니다.

감각을 처리하고
조절할 수 있는 환경

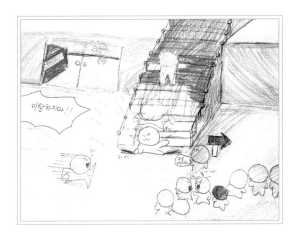

계단에서 뛰어내리는 게 제일 재미있다는 10살 장난꾸러기 아이의 그림입니다. 평소에도 무언가 두드리고 다리를 떨고 소리도 자주 지릅니다. 선생님과 부모님은 말로 표현하라고 하는데 그냥 멋지게 행동하는 것이 편하고 좋습니다.

　그런 행동을 했을 때, 사람들의 관심을 받는 것도 좋다고 해요. 정해진 규칙, 정해진 길을 거부하는 것도 좋아합니다. 다른 친구들은 선생님의 말을 따라 행동하지만 혼자만의 행동을 즐기고 있음을 그림에 담아냈습니다.

한시도 가만히 있지 않고 높은 곳에 오르거나 뛰어내리는 아이들이 있습니다. 잠시 앉아 있나 했더니 무언가를 탁탁 계속 두드리거나 다리와 몸을 흔들흔들 가만히 두지 못해요.

학교에서 수업은 제대로 듣는지, 친구들에게 민폐가 되지는 않는지, 놀이터에서 다치지는 않을지 늘 아슬아슬 걱정입니다.

감각에 대한 남다른 갈망과 욕구

특정 감각 경험을 즐기고 자극을 찾는 것은 아이의 성격이라기보다는 감각 처리의 문제입니다. 감각 처리란 다양한 감각을 받아들여 이를 해석하고 통합하여 환경에 적절하게 대처하는 능력을 말합니다. 이러한 감각 처리의 결과는 운동, 행동, 감정 그리고 주의 집중으로 이어집니다.

결국 개인이 가진 감각 처리의 능력에 따라 환경에 대한 반응도 각각 다릅니다. 이때 환경으로부터 들어오는 감각 자극을 뇌에서 통합하고 조직화하여 적응 행동의 정도를 조절하는 데 어려움이 있다면, 이를 '감각 처리 장애Sensory Processing Disorder'라고 합니다.

일반 아동 집단에서 감각 처리 장애의 발병률은 5~14.5%이며 장애 아동 집단에서는 40~88%입니다. 감각 처리 장애로는 주의력 결핍, 과잉 행동 장애, 자폐스펙트럼장애, 지적장애 등이 있습니다.

이러한 유형의 아이들은 시각, 청각, 후각 등 다양한 감각들로 충분히 이해할 수 있는 정보들을 그냥 넘기지 못합니다. 꼭 만져보거나 쓸어보는 등 감각에 대한 갈망과 욕구가 나타나지요. 감각에 대한 충동적인 욕구가 있어 불쾌한 감각에도 개방적인 태도로 탐색해보거나 꽤 공격적이고 거친 방식으로 감각을 추구하기도 합니다.

이런 특징들 때문에 일상생활에서 맥락 없이 감각 자극을 추구하느라 주변 사람을 불편하게 만들기도 합니다. 그렇기 때문에 주변에 충동적인 아이, 자기조절력이 부족한 아이로 비춰질 수 있습니다.

대표적인 자극 추구 행동으로는 높은 곳에 올라가고 뛰어내리기, 무엇이든 일단 만져보기, 일부러 바닥에서 자주 넘어지기, 사물로 두드리기, 의자에 앉아서도 발로 바닥이나 책걸상을 탁탁 치기, 꽉 안기, 꽉 조이기 등이 있습니다.

감각 추구의 다른 말은 감각 '결핍'입니다

특정 행동을 지속한다는 것은 반대로 결핍이 되어 있다고 볼 수 있습니다. 예를 들어 고유수용 감각, 청각 자극 등이 결핍되어 있다면 아이는 자신도 모르게 막대기나 손으로 책상이나 장난감 등을 반복해서 두드리는 행동을 하게 됩니다.

이를 통해 팔과 손에 고유수용 감각을 제공하고 청각도 자극할 수 있는 것입니다. 이렇게 두드리는 행동은 신경계 진정 및 조절 효과가 있어서 아이가 감각의 기준으로 삼았을 가능성이 있습니다.

남에게 피해를 주지 않는다면 그대로 두어도 좋습니다. 하지만 이러한 감각 조절의 어려움이 타인을 위험하게 하거나, 사회적으로 용납할 수 있는 선을 넘는다면 전문가의 도움이 필요한데요. 부모는 안전하고 사회적으로 용인되는 정도에서 아이가 감각 처리를 할 수 있도록 도와야 합니다.

예를 들면 아침에 아이가 일어날 때 부드럽고 무거운 담요를 사용해 감싸서 흔들어줍니다. 담요를 타는 재미있는 경험과 함께 마음을 진정시키는 포근함과 압박감을 동시에 줄 수 있습니다.

식사나 간식을 먹을 때에는 당근, 견과류, 프레첼, 육포, 젤리, 캐러멜, 껌 등 쫄깃하고 아삭하고 오독한 식감의 먹거리로 올바른 자극을 줄 수도 있습니다.

또 등굣길에 가능하다면 정글짐이나 그네 같은 놀이기구를 타기 위해 학교에 일찍 도착하는 것이 도움이 됩니다. 운동장에서 부모와 손을 잡고 원을 그리며 돌기 놀이도 해봅니다. 원을 그리며 돌기(스피닝)는 아이에게 부족할 수 있는 전정 감각을 제공하고, 교실에서는 더 집중할 수 있도록 도와줄 것입니다.

감각 처리를 도와줄 수 있는 미술활동

아이의 감각 처리를 도와주기 위해서는 예측 가능하고 구조화된 환경을 조성해주는 것이 좋습니다. 일상의 루틴을 만들어 일정하고 지속적으로 지키게 하는 것은 큰 도움이 됩니다. 예상할 수 있는 환경을 조성해줌으로써 불안함을 완화시키는 방법입니다.

이런 아이들은 특히 안정적으로 휴식을 취할 수 있게 도와주는 것이 좋습니다. 게임을 하거나 매체를 보는 오락적인 휴식 말고 조용한 환경에서 차분하게 두는 것입니다.

아마 처음에는 5분도 힘들어할 수 있습니다. 부모가 함께 그 시간을 보내준다면 1분으로 시작한 휴식 시간이 5분, 10분으로 늘어날 수 있습니다. 이때 자신의 감각을 조절할 수 있도록 호흡하는 법, 근육을 이완시키고 긴장을 푸는 법, 지금 어떤 감정이 드는지 느껴보는 것 등의 활동과 연습으로 감각 처리를 도와줄 수 있습니다.

미술활동을 통해 감각 처리를 도와줄 수도 있습니다. 다양한 매체와 도구를 활용해서 질감을 탐구하게 함으로써, 촉각에 대한 감각을 충족시켜주는 것이죠. 부드럽거나 거친 종이, 실크

리본, 비닐 시트 등을 사용해서 다양한 감각을 경험할 수 있도록 해줍니다. 또 다양한 색상을 이용하여 시각적인 감각을 향상시킬 수 있습니다. 여러 가지 색을 혼합하는 실험으로 그리고 색칠하는 기회를 주세요.

다양한 모델링 물질을 사용하여 형태와 질감 탐구도 할 수 있습니다. 플레이도우, 착색된 점토, 찰흙 등과 모양이 다양한 모델링 툴을 사용하여 창의성을 발휘하고 손가락으로 직접 여러 가지 형태를 만들 수 있게 해주세요.

책을 위한 독서가 아닌
상호작용을 위한 독서로

이 그림을 그린 아이는 세상에서 책 읽는 게 제일 좋다고 합니다. 벌써 백 권 넘게 읽었고 친구들과 노는 것보다 더 즐겁습니다. 친구들에게 책 얘기를 하면 잘 모릅니다. 학교에서도 집에서도 계속 책을 읽을 거라고 하는데요.

책에 너무 집착하지 않도록 일상생활의 균형을 찾아주는 게 필요합니다. 책에 심취해 친구나 부모와 일상 대화조차 나누지 않는다면 단절이 생기고 고립감마저 들 수 있습니다.

눈만 뜨면 책부터 집어 들고 온종일 책만 보는 아이, 밥은 혼자 못 먹어도 한글은 스스로 뗀 아이, 숫자를 100까지 세고 알파벳도 이미 통달한 아이 등 또래보다 유독 뛰어난 아이들이 있습니다.

이런 경우 부모는 자녀가 영재라며 기뻐하고 더 다양한 학습을 시키게 되는데요. 그런데 어린아이들이 글을 술술 읽는다고 해서 그 뜻을 모두 이해하고 있지는 않다는 것 알고 계셨나요?

책만 좋아하는 아이가 문제가 되는 경우

'과독증Hyperlexia'이란 읽기 학습에 대한 사전 교육 없이 일반적으로 5세 이전에 단어를 읽을 수 있는 조숙한 능력을 말합니다.

'과잉 언어증', '다독증'이라고도 하며 단어 읽기 능력이 나이에 비해 훨씬 뛰어나지만, 글의 의미나 내용의 이해 수준은 낮은 것이 특징입니다. 읽기 장애의 한 유형이기도 합니다.

과독증의 특징으로는 다음과 같은 것들이 있습니다.

- 단어 읽기 능력과 생소한 단어를 해독하는 능력이 그 나이에 예상되는 수준을 훨씬 뛰어넘음.
- 문자나 숫자에 큰 관심을 갖거나 강박적으로 몰두함.
- 공식적인 교육 없이 어린 나이(2~3세)에 책을 읽기 시작함.

- 단어 해독 능력은 우수하지만, 문장 독해 능력은 뒤떨어짐.
- 주기율표, 중요한 날짜, 국기 또는 언어와 같은 다른 구성 시스템에도 관심을 가질 수 있음.
- 사회적 기술의 발달에서 뒤처지고 또래 아이들끼리 놀기에 별로 흥미를 보이지 않음.

　과독증 자체를 두고 어떤 병이나 증상으로 진단하지는 않습니다. 다만 과독증의 특성을 보이는 아동은 자폐스펙트럼장애가 있는지 확인이 필요합니다. 자폐스펙트럼장애 아동의 약 6~14%가 과독증이며, 과독증 아동의 약 84%가 자폐스펙트럼장애인 것으로 알려져 있습니다.

독서를 통한 아이와의 상호작용

책 육아 및 조기교육 자체가 문제인 것은 아닙니다. 중요한 것은 아이의 독서를 어떻게 지도하고 교육하는지 입니다. 독서가 효과적인 경우는 책을 많이 읽고 학습할 때가 아니라, 책을 매개 삼아 부모와 아이가 재미있게 잘 놀고, 그것이 긍정적인 영향을 주는 것입니다.

　전문가들은 유아(만 3세 이하)에게 하루 15분, 운율 있는 그림책 세 권 정도가 좋다고 조언합니다. 기계를 사용해 책을 읽어주거나 아이 혼자 기계를 조작해 책에서 나오는 소리를 듣게 하기보다는, 부모님이 직접 책을 읽어주면서 무슨 내용이 실려 있는지 말해주고, 그림을 함께 보면서 설명을 해주는 것이 좋습니다. 또 꼭 책의 내용과 활자를 정확하게 전달해야 한다는 생각보다는 그 안에 있는 그림과 아이가 관심 있어 하는 내용 등을 함께 탐색하며 살펴보고 책을 알아가는 시간을 갖는 것이 좋습니다.

어떤 훌륭한 성우보다 좋은 목소리는 엄마, 아빠의 음성입니다. 부모님의 목소리와 말투, 질문과 대답, 감탄사 등과 함께 책의 내용을 이해하고 사고하는 것이 좋습니다.

독서를 즐기게 하되 일정한 시간을 지키는 것도 중요합니다. 너무 과한 시간을 독서에만 할애한다거나, 다른 활동은 제쳐두고 책에만 빠져 있는 것은 좋지 않습니다.

책을 읽은 만큼 밖에서 뛰어놀거나, 눈을 마주치며 대화를 나누거나, 다른 활동을 해야 균형적인 두뇌 발달이 이루어질 수 있습니다.

아이의 어려움과 좌절감에
공감해주는 것

이 콜라주를 만든 아이는 수업 시간에 교과서를 읽는데 무슨 말인지 이해가 안 돼서 답답하다고 합니다. 그것보다는 사람들과 놀고 사진 찍는 게 더 좋습니다. 그와 관련된 오브제들이 보이네요. 공부를 좀 해보려고 하거나, 수업 시간에 집중을 하려고 해도 마음대로 되지 않아 답답하다고 합니다. 아이의 자존감이 더 떨어지기 전에, 학습 능력이 더 떨어지지 않게 도와주어야 하는 상태입니다.

머리가 나쁜 것 같지는 않은데, 잘 안 보이거나 잘 듣지 못하는 것도 아닌데, 유독 쓰기나 읽기가 잘 되지 않는 아이가 있습니다. 유치원, 학교 그리고 학원도 별문제 없이 다니고 있는데 말이죠. 아이가 잘 읽거나 쓰지 못할 경우 부모님들은 우리 아이가 학교에서 뒤처지지 않을까 고민될 수밖에 없습니다.

학습 장애의 종류에는 어떤 것이 있을까

'학습 장애Learning disorder'란 지능이나 신체 발달에 아무런 문제가 없는데도 읽기, 숫자 계산, 글자 쓰기와 같이 특정한 학습 기술을 습득하지 못하는 것을 말합니다. 다시 말해 학업 성취도가 현저하게 떨어지는 것을 의미합니다.

학습 장애의 종류에는 읽기 장애, 쓰기 장애, 산수 장애 등이 있습니다. 읽기 장애는 단어를 소리 내어 발음하는 데 어려움이 있습니다. 읽는 속도가 매우 느리고 읽은 문장을 이해하지 못하는 경우가 이에 해당합니다.

쓰기 장애는 단어를 잘못 쓰는 오류가 많고, 반복적인 학습에도 단어의 혼란이 교정되지 않습니다. 쓰기 내용이 아주 미숙하고 문법적인 오류가 자주 나옵니다.

산수 장애는 빼기, 곱하기 등의 기본 연산을 못하고 문제 자체를 이해하지 못하는 경우입니다. 자릿수 등 공간적 배열을 이해하지 못하는 경우도 많습니다. 숫자를 제대로 인식하지 못할 수도 있습니다.

자연스러운 학습 분위기를 조성해주는 것

학습 장애는 유전적인 기반을 갖는 특정 뇌 영역과 뇌 영역 간 연결망의 발달적 결함에 의해 발병하는 질환입니다. 유병률은 2~10%이며, 그중 '난독증'이라고 하는 읽기 장애는 단독으로 또는 다른 학습 장애와 동반하여 나타나며 전체 학습 장애의 80%로 가장 많죠.

난독증이 있는 아이는 낱말의 최소 단위인 음소를 구분하지 못해요. 읽기는 단어를 인식하고 내용의 이해라는 다소 복잡한 과정이 결합되어 일어나는 활동입니다. 난독증이 있으면 음소를 구분하지 못해 읽지를 못하는 거지요.

예를 들어 겨울이라는 단어를 읽을 때 'ㄱ, ㅕ, ㅇ, ㅜ, ㄹ'로 구성된 단어임을 인지하고 이를 분해해서 다시 작업을 하는 것이 읽기 능력의 시작입니다. 하지만 읽기 장애가 있는 아이는 자음과 모음 가운데 'ㄱ, ㅋ'과 'ㄲ, ㅜ'를 구분하지 못해요.

난독증은 두 가지 유형으로 나뉩니다. 발달상의 문제로 인한 '선천성 난독증'과 사고 후 뇌 손상으로 인한 '후천성 난독증'이 있습니다. 선천성 난독증을 가진 이는 말을 더디게 배우거나 발음상 문제가 있어요. 또한 숫자나 단어를 익히기 힘들어하며, 글자를 거꾸로 적기도 합니다.

학습 장애가 있는 아이는 정도에 따라 개별적인 목표나 기대치를 조정해야 합니다. 반복적이고 구체적인 작업을 진행하는 것이 좋아요. 어떤 지시를 할 때도 아이가 이해하기 쉽도록 짧고 구체적으로 설명해주세요.

아이가 좋아하는 주제와 재료를 이용해 학습에 대한 부담을 덜어내고, 자연스럽게 학습할 수 있는 분위기를 조성해야 합니다. 학습 장애를 제때 치료하지 않으면 우울증, 행동 장애, 주의력 결핍 과잉운동장애, 우울 장애 등과 함께 나타나기도 합니다.

속 터진다고 학습을 강요하는 것은 금물

우리나라 부모님들은 특히나 영어 교육에 민감합니다. 아낌없이 투자도 많이 하지요. 그러나 과도한 학습으로 아이가 스트레스를 많이 받으면 학습 장애로 이어지는 경우도 많습니다. 아이가 한글이나 영어에 관심을 보일 때가 아이의 학습 적기인데 조급한 마음에 과도하게 공부를 시키는 것은 문제가 됩니다. 심지어 공부 스트레스로 원형탈모가 나타나 병원을 찾는 아이들도 적지 않아요.

또한 인지적인 어려움이 없는 아이가 특정 영역의 학습에만 어려움을 보이는 경우도 있습니다. 부모는 이를 반항이나 게으름이라 오해합니다. 이에 자녀에게 매우 심한 징벌적인 학습을 강제적으로 시키는 악순환이 거듭되기도 합니다. 그럴 경우 아이는 더 자존감이 떨어지고 자포자기하며 분노를 느끼게 되므로 주의해야 합니다.

학습 장애를 치료하기 위해서는 올바른 이해와 정확한 진단이 필수입니다. 단순히 공부 못하는 아이로 치부하여 부모가 직접 끼고 가르치려 하기보다는, 전문적인 기관에서 정확하게 진단받고 치료해야 합니다.

기초학습기능검사를 통해 아이의 학습 능력이 자신의 나이와 학년에 비해 얼마나 부진한지 정확히 파악하여 맞춤형 교육 치료 프로그램을 받도록 이끌어주세요. 그리고 아이가 겪는 어려움과 좌절감을 공감하고, 아이가 가진 강점을 칭찬하고 격려함으로써 학습 문제를 극복할 힘을 키워주는 것이 중요합니다.

학습 부진보다 중요한 것은 아이의 마음

학습 장애를 겪는 아이의 부모님이나 선생님 등 주변 사람들도 걱정과 고민이 많겠지만, 그 누구보다 스트레스를 받는 사람은 아이 본인입니다. 또래 친구들과 자연스럽게 비교하게 되고, 뜻대로 되지 않는 자신의 모습에 좌절감도 느낄 것입니다.

이러한 감정의 변화와 좌절감, 스트레스를 건강하게 해소하고 완화해가며 학습 장애를 치료해가는 것이 무엇보다 중요합니다. 치료에만 과도하게 집중한다고 해서 쉽게 좋아지긴 어렵습니다. 언제나 아이의 마음이 우선이니까요.

그리기만큼은 우월하거나 열등한 것이 없습니다. 읽고 쓰는 것을 잘 못하는 아이도 그리는 것에 있어서는 자신감을 가질 수 있습니다. 마음껏 그릴 수 있도록 자유 그림 그리기나, 손과 촉감을 이용하여 감정을 표현하는 추상화를 그려보는 것도 좋습니다.

레오나르도 다빈치, 한스 안데르센, 알베르트 아인슈타인, 토머스 에디슨, 톰 크루즈, 성룡, 우피 골드버그의 공통점이 무엇일까요? 모두 어린 시절 난독증을 비롯한 학습 장애로 어려움을 경험한 사람들이라는 것입니다. 하지만 지금은 이름만 들어도 누구나 알 법한, 자기 분야에서 두각을 보이는 인물로 성장했다는 사실은 눈여겨볼 만합니다.

"너의 잘못이 아니야."
아이의 행동을 수용해주세요

이 그림을 그린 아이는 옷이 몸에 닿는 느낌이 싫어서 어깨를 자꾸 올리고 눈도 깜빡거립니다. 누군가가 보고 있거나 신경을 쓰면 틱이 더 심해지는 거 같다고 하네요. 특히 기분이 안 좋거나 스트레스를 받을 때 그러는 거 같아 속상하다는 아이입니다.

신경이 온통 옷에 가 있을 때 어떤 파도에 휩쓸리듯이 감정에 휩쓸리고 예민해지면 으레 틱이 나온다고 합니다.

올해 3학년인 지수는 왼쪽 눈을 깜빡이는 것에서 시작해, 시도 때도 없이 다시 눈을 감았다 뜨는 행동을 합니다. 친구들의 놀림에 이런 행동이 더 심해지기도 해서 부모님은 어떻게 해야 할지 난감합니다.

가벼운 틱부터 중증의 투렛 증후군까지

성장 과정에서 틱장애Tic disorder를 보이는 경우는 생각보다 많습니다. 틱장애는 신경 발달 장애Neurodevelpmental 중 운동 장애의 하위 범주로, 가볍게는 눈을 깜빡거리거나 코를 찡긋하거나 어깨를 움직이는 행동 등이 있습니다.

심하게는 자해, 욕설, 물건 부수기 등 과격한 모습을 보이기도 합니다. 대부분의 틱은 가벼운 증세로 나타납니다. 투렛 증후군Tourette Syndrome은 가장 중증의 틱장애로 1,000명의 소아 중 3~8명에서 발생합니다.

최근 국민건강보험공단이 2016년부터 2020년까지의 어린이 투렛 증후군 진료 현황을 발표했습니다. 2020년 어린이 투렛증후군 진료 인원은 2,388명으로 2016년 1897명보다 491명, 즉 25.9% 증가한 것으로 나타났습니다. 연평균 5.9%씩 증가하고 있는 셈입니다.

틱장애는 보통 소아 때 시작하여 성인이 되면 대부분 증상이 호전됩니다. 성장기 아이들의 10~20%가 일시적인 틱 증상을 나타낼 수 있는데 여아에서보다 남아에서 발생할 가능성이 3배 높습니다.

틱장애(투렛 증후군)증상

1년 이상의 기간 동안 여러 가지 운동틱과 함께
한 가지 혹은 그 이상의 음성틱이 나타나는 경우 진단

운동틱	• 몸의 모든 근육에서 일어날 수 있음 • 눈 깜박임, 코 씰룩임, 얼굴 찡그림, 고개 젖힘, 어깨 들썩임, 배 근육에 힘주기, 다리 차기 등
음성틱	기침 소리, 코 킁킁거리는 소리, 목 긁는 소리, 동물 울음소리, 욕설, 외설 등

틱은 왜 생기나요?

단일 원인은 아직 명확히 밝혀진 바가 없으나 스트레스가 틱장애의 주요 원인으로 꼽히는데요. 유전일 가능성도 있고 부모의 양육 태도, 환경, 교육 등의 요인으로 나타날 수 있습니다. 기존 연구에 따르면 틱은 뇌의 도파민과 세로토닌의 이상으로 생긴다고 하지만 아직까지 명확하게 밝혀지지는 않았습니다.

또한 부모의 지나친 간섭이나 과도한 기대, 학업에 대한 스트레스, 분노, 욕구불만, 갑작스러운 환경 변화 등이 영향을 끼칩니다. 아이가 틱 증상을 보인다고 해서 창피를 주거나 벌을 주어서 통제하지 마세요. 그렇게 되면 정서적으로 더 불안해지고 증상이 악화될 뿐입니다. 이러한 악순환이 계속되면 강박 장애, 주의력 결핍 과잉 행동 장애ADHD, 불안 및 우울증과 같은 다른 심리적 상태와 함께 발전할 수 있습니다.

틱 증상은 3~8세에 시작하여 10~12세에 최고조에 이른 후, 사춘기를 거치면서 점차 완화됩니다. 청소년 후기 및 성인기로 가면서 전체 환자의 60~80%는 틱 증상이 소실되거나 현저히 감소한다고 하는데요.

증상이 복합적으로 나타나는 심한 틱장애의 경우 성인까지 이어지는 만성 틱장애가 될 수 있지만, 다행히 시간이 지나면서 사라지는 경우가 더 많습니다.

틱은 아이의 잘못이 아닙니다

가정에서는 무조건적으로 아이를 지지하고 수용하는 환경을 조성하는 것이 중요합니다. 틱이 나쁜 습관이나 어떤 행동의 결과가 아니라, 비자발적으로 나타나는 현상임을 인정하는 것도 필수 환경에 포함됩니다.

틱 증상은 스스로 조절할 수 있는 행동도 아니고, 일부러 하는 행동은 더더욱 아닙니다. 그러므로 이에 대한 비난, 틱을 조절해보라는 등의 이야기는 아이의 스트레스를 가중해 증상을 악화시킬 수 있습니다.

연구 결과에 따르면 어머니가 애정적이고 자율적인 양육 태도를 보이고 개방형의 의사소통을 할수록 아이의 틱 증상 심각도가 낮았습니다. 반면 거부적인 양육 태도를 보이고 문제형의 의사소통을 할수록 틱 증상의 심각도가 높았습니다.

아이의 틱에 대해 솔직한 대화를 나누세요. 아이를 사랑하고 지지하는 뜻을 전하며 틱이 너의 잘못이 아니라고 알려주세요. 아이가 자신의 감정과 경험을 부모와 공유하도록 격려하고 경청, 공감의 태도를 보이면 아이는 자신의 질환에 대해 불안해하지 않습니다. 또한 아이가 틱장애로 좌절하거나 속상해한다면 어른이 되면서 호전되는 증상이라는 것도 알려주는 것이 좋습니다.

과도한 학업 부담 등의 스트레스를 줄이고 틱으로부터 주의를 분산시키는 데 도움이 될 수 있는 스포츠나 취미같이 아이가 좋아하는 활동에 참여하게 합니다.

스트레스 관리와 이완 운동을 꾸준하게

어떤 아이는 학교에서 자신의 틱을 통제하거나 참으려고 노력합니다. 그러기 위해서는 에너지가 많이 소비되기 때문에 매우 피곤하죠. 이럴 경우 하교 후 집에 돌아와 더 이상 틱을 통제하려고 하지 않을 때 오히려 틱이 증가할 수 있습니다. 아이가 집에 도착했을 때 보이는 강한 틱 증상을 이해하고, 스트레스 관리와 이완 운동을 하여 긴장을 풀 수 있도록 도와주세요. 틱장애 아이는 무엇보다 편안한 마음을 가질 수 있도록 돕는 게 중요합니다.

스트레스 완화를 통해 안정감을 찾을 수 있어야 합니다. 이때 물감, 점토, 찰흙 등을 이용하는 미술치료가 도움이 됩니다. 이완 작업과 자기관찰, 스트레스 표출 등을 통해 부정적인 감정을 해소할 수 있도록 해주기 때문입니다.

묽은 점토 작업이나 핑거페인팅, 젖은 종이에 그림 그리기 등의 미술치료 기법은 흥미를 유발하는 동시에 성취감을 느끼게 하는 작업입니다.

부모님이 느끼는 감정을
솔직하게 이야기해주세요

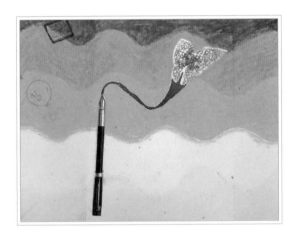

아이는 자신의 모든 문제가 부모님 때문이라고 이야기합니다. 하라는 대로 다 했지만 마음대로 되지 않았고 오히려 절망감만 커졌거든요. 부모를 펜으로 표현하고 그 펜이 그려나가는 대로 나아갔지만 남은 건 눈물뿐임을 표현했습니다. 그래서 잘 안 된 건 다 부모님 탓이라 원망합니다. 그저 부모님 말을 잘 들었던 것뿐인데 실패만 남았다고 부모님이 다 책임져야 한다고 이야기합니다.

절망하고 원망하는 지금의 상태에서 다시 일어설 수 있도록 마음부터 치료해야 합니다. 부모가 먼저 바뀌어야 아이도 나아질 수 있습니다.

학교에 가서 학교생활을 하다보면 친구랑 싸워도 "엄마 때문이야!", 시험을 잘 못 봐도 "아빠 때문이야!"를 외치며 모든 것에 있어 남 탓을 하는 아이 때문에 고민인 부모들이 많습니다. 집에 와서도 화가 나서 참지 못하기 일쑤입니다. 뭐가 잘못된 것일까요?

남 탓은 인지 발달의 증거

부정적인 감정을 표출하는 것은 지극히 당연한 일입니다. 어떤 일이 마음대로 되지 않았을 때 남 탓으로 돌리는 것도 정상적인 발달 과정의 하나입니다.

잘잘못을 따진다는 것은 인지적 발달이 이루졌음을 의미합니다. 자기 잘못을 인정하지 않고, 결과를 남 탓으로 돌린다는 것은 인지적 책략이 생겼기 때문입니다. 대개 언어 발달이 어느 정도 이루어진 만 3~4세 무렵부터 남을 탓하기 시작합니다.

물론 이 시기에 모든 아이가 그러는 것은 아니에요. 평소 부모가 지나치게 허용적인 양육 태도를 보였을 때 모든 일을 남 탓으로 돌릴 확률이 높습니다. 나 때문에 벌어진 부정적인 결과를 받아들이지 못하기 때문이에요. 또는 평소 부모님이 남 탓을 잘하는 경우, 아이는 부모님의 언행을 자연스럽게 따라할 수 있습니다. 아동기의 아이들은 아직 스스로의 감정을 표현하고 갈등을 해소하기에 서툽니다. 아이가 남 탓을 하는 이유는 자기중심적인 관점에 머무르며 세상을 바라보기 때문입니다.

아이들은 본능적으로 나쁜 감정들을 무시하거나 밀어내려고 합니다. 아이 입장에서 가장 빠르게 이를 밀어낼 수 있는 방법이 바로 늘 내 편이 되어주는 부모님을 탓하는 것입니다. 그래서 불편하거나 너무 싫거나 짜증 나는 마음에서 자신을 지키려 남 탓이라는 방법으로 나쁜 감정을 버리는 것이지요.

아이가 짜증과 화를 내면서 "엄마 때문이야! 아빠 때문이야!"가 계속되면 부모도 지치고 감정도 상하기 마련입니다. "엄마가 그렇게 말하지 말랬지!", "이게 왜 아빠 탓이야. 네가 잘못해서 망친 거지."처럼 아이가 던진 감정을 받아주지 않고 오히려 더 감당하기 힘든 감정으로 되돌려준다면, 아이는 부모가 받아주지 않았다는 분노, 부정적인 감정 덩어리를 어떻게 감당할지 몰라서 불안감 등에 압도될 수 있습니다.

이러한 경험이 반복되면 아이는 자신이 감정을 해결할 수 없다는 무력감과 이 위험한 감정을 맡길 곳이 없다는 절망감을 느낄 수 있습니다. "네가 그런 기분일 때 엄마 탓을 하고 싶은 것은 이해해. 하지만 우리는 자신의 행동에 책임을 질 줄도 알아야 해.", "늘 모든 걸 잘할 수는 없어. 속상한 건 이해하지만, 자신의 능력을 인정할 줄도 알아야 해." 등의 말로, 공감과 조언을 함께해주세요. 남 탓을 할 수밖에 없는 아이의 감정을 공감하고 있다는 것만 전달이 되어도, 아이의 태도는 크게 바뀔 수 있습니다.

부모의 감정 표현 방식이 중요합니다

사사건건 부모가 아이를 너무 통제하려 들면 아이는 죄책감을 느끼게 되고 생각과 행동이 수동적이게 됩니다. 적절한 지지와 격려를 받게 되면 독립적이고 자기주도성이 있는 아이로 성장할 수 있습니다.

아이들은 자신이 원하는 것을 적극적으로 표현하고 그것이 타인에게 수용되어 성공적으로 표현될 때, 긍정적인 기분을 경험합니다. 그러나 주도적으로 어떤 것을 하고 있는데 주변 사람이 일일이 간섭하거나 탐색할 기회를 제한해 실수나 실패하게 될 때는 부정적인 기분을 경험하게 됩니다.

아이가 스스로 하려는 행동에 간섭하기보다, 스스로 성공하는 경험으로 나아갈 수 있도록 인내심을 갖고 기다려주세요. 부모의기 경험으로 아이의 행동을 이끌기보다, 스스로 시도와 노력을 했다는 것에 칭찬과 격려를 하고 다시 도전해볼 수 있도록 동기를 유발하는 것입니다.

아동기에 성숙한 감정 표현을 배우기 위해서는 평소 부모의 감정 표현 방식이 매우 중요합니다. 평소 훈육 시 잘잘못을 가리고 벌주기보다는 잘못된 행동에 대한 부모님의 감정을 설명하거나 올바른 행동을 알려주는 방식이 더 효과적입니다.

부모님과 함께 하는
우리 아이 심리 검사

자기조절력 검사

아이의 자기조절력을 관찰하고 5단계로 측정하여 검사지입니다. '자기조절력'은 외부 자극에 대해 자신을 조절하는 것으로 과제를 계획하고 수행하는 데 필요한 능력이며, 자신의 의도나 관심에 따라 어떤 행동을 선택할지 결정하도록 돕는 능력입니다.

자기조절을 잘 못하는 아이는 대인관계에 있어 충동적이고 사회적 적응에 어려움을 겪기도 합니다. 따라서 자기조절력은 사회생활의 필수 요소라고 할 수 있죠.

각 문항 내용이 아이의 태도와 일치하는 정도에 따라 '항상 그렇다'는 5점, '약간 그렇다'는 4점, '그저 그렇다'는 3점, '거의 그렇지 않다'는 2점, '전혀 그렇지 않다'는 1점으로 채점합니다. 점수의 범위는 33~165점입니다.

자기조절력 검사 문항은 자기통제력, 충동성 감소, 주의집중력 이렇게 세 영역으로 나누어집니다. 자기통제력과 주의집중력 영역은 각각 10~50점, 충동성 감소 영역은 13~65점의 범위를 갖습니다.

각 영역의 점수가 높을수록 자기통제력이 높고, 충동성은 낮으며, 주의집중력은 높습니다. 긍정적인 대답일수록 평점 점수가 높으므로 영역별 점수를 합산하여 자기조절력 점수를 구할수 있습니다.

하위 영역	내용
자기통제력 (1~10번 문항)	• 유아 스스로 결정하는 것처럼 보이지만 사실은 내면화된 사회적 기준에 맞춰 내재적 정서를 억제하며 순응하는 능력. • 유아가 참고 기다리며 인내하는 외적 행동 통제 능력.
충동성 감소 (11~23번 문항)	목표를 향해 중간 과정과 판단의 과정을 거치지 않고 의식적으로 생각 하지 않는 행동, 원시적 반응, 생각 없이 직선적으로 반응하는 마음의 작용을 감소시켜주는 능력.
주의집중력 (24~33번 문항)	• 외부에서의 여러 자극들을 분류하여 선별하는 작용. • 여러 가지 중 어느 하나를 선택하고 다른 것을 억제하려는 작용과 과정.

자기조절력 검사

번호	문항	전혀 그렇지 않다	거의 그렇지 않다	그저 그렇다	약간 그렇다	항상 그렇다
1	뭔가를 하겠다고 약속했을 때, 그것을 믿을 수 있습니까?					
2	다른 유아들이 초대하지 않은 게임이나 활동에 끼어들지 않습니까?					
3	흥분했을 때 스스로 자기를 진정시킬 수 있습니까?					
4	활동은 지속적입니까?					
5	장기적인 목표를 세워 활동합니까?					
6	질문을 한 후 답변을 기다리는 편입니까?					
7	친구들과 이야기할 때 상대방의 말을 가로막지 않고 자기가 말할 차례를 기다리는 편입니까?					
8	자신이 하던 일을 끝까지 마칠 때까지 기다리는 편입니까?					
9	성인의 지시 사항을 잘 따르는 편입니까?					
10	갖고 싶은 것을 당장 가지지 않고 참고 기다리는 편입니까?					
11	줄을 서서 기다릴 경우 자기 순서가 될 때까지 참을성 있게 기다립니까?					
12	차분히 앉아 있는 편입니까?					
13	집단 활동에서 다른 사람들의 의견을 따르는 편입니까?					
14	어떤 말을 하기 전에 해야 될 일에 대해 여러 번 일러주지 않아도 됩니까?					
15	꾸중을 들을 때 부적절하게 말대꾸를 하지 않고 반성하는 편입니까?					
16	말썽을 자주 피우지 않으며, 말썽을 피우더라도 반성하는 편입니까?					

17	일상적인 일이나 해야 할 일을 무시하거나 잊어버리지 않고 잘 챙기는 편입니까?						
18	어떤 일을 할 때 안정된 모습을 보입니까?						
19	오늘 작은 장난감을 가질 것인지 내일까지 기다렸다가 더 큰 장난감을 가질 것인지 선택하게 한다면 내일까지 기다릴 것이라고 생각하십니까?						
20	다른 사람들의 물건을 빼앗는 일이 거의 없습니까?						
21	다른 사람들이 무슨 일을 하려고 할 때 방해하지 않고 협조하는 편입니까?						
22	기본적인 규칙을 어기지 않고 잘 지킵니까?						
23	자기가 가는 길을 주의해서 살펴봅니까?						
24	질문에 답할 때, 신중하게 생각한 한 가지 답만 제시합니까?						
25	자신의 놀이나 일을 할 때 쉽게 주의가 흩어지지 않고 집중하는 편입니까?						
26	신중한 유아라고 생각하십니까?						
27	친구들과 잘 어울려 놀며 규칙을 잘 지키고 차례를 기다리며 협동하여 노는 편입니까?						
28	이일 저일 옮겨 다니기보다는 한 번에 한 가지 활동에 몰두하는 편입니까?						
29	주어진 일이 처음에 너무 어려우면 그만두거나 좌절하는 편입니까?						
30	게임을 방해하지 않는 편입니까?						
31	행동하기 전에 생각하는 편입니까?						
32	자기활동에 좀 더 주의를 기울인다면 지금보다 훨씬 더 잘할 수 있을 거라고 보십니까?						
33	한꺼번에 많은 일을 하지 않고 한 가지 일에 전념하는 편입니까?						

분노조절력 검사

아이의 분노조절력을 관찰하고 5단계로 측정하여 평가하는 검사입니다. 분노조절력은 분노를 지배, 조절, 관리하는 능력으로 바람직한 분노 표현이란 지나친 억제나 표출 대신에 자신의 분노를 적절하게 조절하는 것을 말합니다.

'분노 표출'은 화를 겉으로 드러내는 것으로 화난 표정을 짓거나 욕을 하거나 과격한 공격 행동을 보이는 것입니다. '분노 억제'는 화가 났지만 겉으로 드러내지 않고 오히려 말을 하지 않거나 문제를 피하고 상대방을 비판하는 행동입니다. 분노 조절은 화가 난 상태를 인식, 자각하고 화를 진정시키기 위해 다양한 방법을 사용하는 것으로 감성에 휘둘리지 않고 상대방을 이해하고 노력하는 분노 표현 방식으로 볼 수 있습니다.

또래와 성공적인 관계를 맺는 아이는 자신의 정서를 언제, 어떻게 표현할지를 적절하게 선택할 수 있습니다. 정서를 잘 조절하는 기술은 또래 관계에도 영향을 주기 때문에 사회적 상호작용과 깊은 관계가 있습니다. 따라서 타인의 정서와 자신의 정서를 정확하게 인식하고 표현하고 조절하는 능력을 가진 아동은 또래에 더 많이 수용되어 원만한 관계를 맺을 수 있습니다.

각 문항 내용이 아이의 태도와 일치하는 정도에 따라 '항상 그렇다'는 5점, '약간 그렇다'는 4점, '그저 그렇다'는 3점, '거의 그렇지 않다'는 2점, '전혀 그렇지 않다'는 1점으로 채점합니다. 점수가 높을수록 분노조절력이 뛰어납니다.

분노조절력이 낮은 아이의 경우 자신의 감정을 알아차리는 것부터 시작하여 자신의 화가 나는 상황에 대한 이해가 선행되어야 합니다. 따라서 그 상황에 대한 감정 대처 방법과 그 결과에 대해 인지하고 분노를 조절하는 순으로 진행하게 됩니다.

분노조절력 검사

번호	문항	전혀 그렇지 않다	거의 그렇지 않다	그저 그렇다	약간 그렇다	항상 그렇다
1	화를 잘 내서 종종 어려움을 겪는다.					
2	자주 매우 화가 나 있어 보인다.					
3	다른 사람에게 해를 끼치지 않고 화를 낸다.					
4	자신이 원할 때는 언제나 자신의 마음을 조절하는 것 같이 보인다.					
5	화를 낼 때 아주 심하게 낸다.					
6	가끔 화가 나면 어떻게 해야 하는지 모르는 모습을 보인다.					
7	자신이 어떻게 싸움을 피해야 하는지 알고 있는 것처럼 보인다.					
8	자신을 괴롭히는 아이를 잘 다룰 줄 아는 것처럼 보인다.					
9	자신의 감정을 통제할 수 있다.					
10	화를 내지 않고 누군가에게 자신이 하고 싶은 말을 한다.					

"우리는 코로나 키즈입니다."

일본 교토대학교Kyoto University 연구진이 국제 학술지 〈소아과학 저널JAMA Pediatrics〉에 게재한 연구 결과를 살펴보면, 코로나19 대유행을 겪은 5세 아동은 대유행 이전의 또래보다 의사소통 능력이 평균 4개월 정도 지연되어 있는 것으로 나타났다고 해요. 연구진은 "밖에 나갈 기회가 줄어들면서 다양한 사람들과 단어를 경험할 수 없어 이러한 현상이 나타난 것 같다."라고 밝혔습니다.

우리나라도 마찬가지입니다. 코로나19 창궐 당시 모두가 마스크를 착용하고 바깥 활동이 감소했습니다. 이 시기 많은 아이들이 학교를 가지 못했습니다. 학교가 아닌 집에서 온라인 수업을 하다보니 사회적 상호작용이 많이 제한될 수밖에 없었지요.

코로나19를 지나 아동기를 겪고 있는 만 9~12세(초등학교 3~5학년) 74명을 대상으로 '코로나19 하면 생각나는 것은?'이라는 주제를 주었습니다. 8절 도화지와 24색 크레파스를 사용해 30분 동안 자유롭게 그림을 그리도록 해보았습니다.

코로나 키즈의 그림에 나타난 특징

미술치료 전문가 3인이 분석을 통해 작품을 주제별로 분류해 보았습니다.

질병과 관련된 주제의 그림이 32.9%로 가장 높은 비율을 차지했습니다. 그다음으로 관계 단절이 15.6%를 차지하였으며, 지역사회와 학교 수업이 각각 12.9%를 나타냈어요. 가족과 감

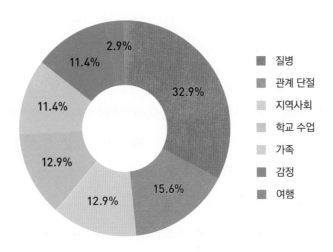

정이 각각 11.4%를 나타냈고, 마지막으로 여행이 2.9%를 보였습니다.

질병이라는 주제는 멀리 번져가는 바이러스, 마스크의 답답함, 확진 당시 통증의 기억 등으로 표현되었어요. 관계 단절은 친구들과 못 어울리는 것에 대한 답답함과 외로움, 활동 제한으로 인한 고립으로 나타났고요.

지역사회라는 주제는 나와 동네 주변 사람들의 감염, 인적이 드문 놀이터와 도로, 점점 증가하는 확진자 수 등이 표현되었습니다. 학교 수업이라는 주제는 등교 중단으로 학교에 가지 못하고 방에서 홀로 온라인 학습을 하는 모습이 다수 등장했습니다.

가족은 구성원 간에 구획을 의도적으로 분리하여 표현한 그림이 많았어요. 이는 자가 격리와 거리 두기로 인해 가족 간의 상호작용이 부족했던 모습을 나타낸 것으로 보입니다.

감정은 불안과 걱정, 짜증, 우울, 감염에 대한 두려움, 스트레스 등으로 나타났습니다. 여행이라는 주제는 코로나19로 인해 여행을 자유롭게 다니지 못한 것을 표현했는데 비행기가 다수 등장했습니다.

색채로 나타난 마음

아동이 표현하는 그림 속의 색채는 감정 표현의 언어로써, 사리적인 것보다는 상징적인 것으로 사용됩니다. 무의식적으로 선택한 색채라 하더라도 이는 아이들의 심리 상태를 나타내는 것입니다. 특히 만 9~11세 또래집단기 아동이 사용하는 색은 아동의 주관적 반응과 관련이 있어요.

'코로나19 하면 생각나는 것은?'이라는 주제로 표현된 70점의 그림을 한국표준색 색채분석KSCA 프로그램으로 분석한 결과 검은색의 사용 비율이 가장 높았고, 빨간색과 파란색이 그 뒤를 이었습니다. 다수의 연구에 따르면 아동이 그림에서 가장 선호하지 않는 색상은 검은색이에요. 그러나 코로나19를 주제로 한 그림에서 검은색의 사용이 많았다는 것은 관련된 아동의 기억, 경험, 감정이 대체로 부정적이고 수동적이었음을 알 수 있습니다. 이는 검은색이 공포나 불안으로 생겨난 감정, 통제 혹은 억압 상태를 반영한다는 연구 결과와도 일맥상통해요. 빨간색은 코로나19라는 감염병에 관련된 상징과 불만과 분노의 감정이 반영된 것입니다. 파란색은 아동이 성별의 구분 없이 거의 공통으로 좋아하는 색깔입니다. 그래서 여백은 거의 파란색으로 메꾸는 경향이 있습니다.

'코로나19 하면 생각나는 것은?'이라는 주제로 표현된 70점의 그림 중 몇 가지를 살펴보겠습니다.

코로나에 걸린 사람이 너무 아파서 마스크를 쓴 채로 울고 있는 모습을 표현했어요. 배경에서 빨간색과 파란색의 대비로 코로나에 대한 스트레스와 일상 회복을 통한 편안함의 욕구가 동시에 드러난 듯 여겨집니다.

바이러스가 점차 퍼지면서 마스크를 써야 하고, 비행기도 타지 못하는 일상의 불편함을 그림으로 표현했어요. 감염에 대한 불안감이 느껴지고 강제적인 일상의 변화에 대한 부정적 감정이 드러났습니다.

집에서만 생활하면서 밖에 자유롭게 나가서 놀지도 못하고 쓰고 싶지 않은 마스크를 억지로 써야 했던 기억을 나타냈어요. 시무룩한 표정에서 외출 자제로 인한 갑갑함과 부정적인 정서를 엿볼 수 있습니다.

캠핑 가는 생각과 친구들과 손잡고 노는 생각을 했지만 실제로는 그렇게 하지 못하니 마음이 우울해져 울고 있는 모습을 표현했습니다. 사회적 상호작용과 대인 관계 욕구의 좌절로 인한 심리적 어려움도 엿볼 수 있어요.

블랙홀 같은 코로나가 사람들의 행복, 자유, 즐거움, 재미와 같은 좋은 감정과 느낌을 빨아들이고 있는 모습이에요. 아쉬움과 슬픔의 감정이 느껴져요.

자가 격리 때문에 밖에 나가지 못해 답답했지만, 한 집 안에서도 서로 떨어져 지내야 했던 가족의 모습과 잦은 PCR 검사의 고통을 나타냈습니다.

그림육아의 힘

2024년 6월 22일 초판 1쇄 발행

지은이 김선현
펴낸이 이원주, 최세현 **경영고문** 박시형

책임편집 조아라 **디자인** 정은예
기획개발실 강소라, 김유경, 강동욱, 박인애, 류지혜, 이채은, 최연서, 고정용, 박현조
마케팅실 양봉호, 양근모, 권금숙, 이도경 **온라인홍보팀** 현나래, 신하은, 최혜빈
디자인실 진미나, 윤민지 **디지털콘텐츠팀** 최은정 **해외기획팀** 우정민, 배혜림
경영지원실 홍성택, 강신우, 이윤재 **제작팀** 이진영
펴낸곳 (주)쌤앤파커스 **출판신고** 2006년 9월 25일 제406-2006-000210호
주소 서울시 마포구 월드컵북로 396 누리꿈스퀘어 비즈니스타워 18층
전화 02-6712-9800 **팩스** 02-6712-9810 **이메일** info@smpk.kr

ⓒ 김선현(저작권자와 맺은 특약에 따라 검인을 생략합니다)
ISBN 979-11-6534-979-0 (03590)

쌤앤파커스(Sam&Parkers)는 독자 여러분의 책에 관한 아이디어와 원고 투고를 설레는 마음으로 기
다리고 있습니다. 책으로 엮기를 원하는 아이디어가 있으신 분은 메일 book@smpk.kr로 간단한 개
요와 취지, 연락처 등을 보내주세요. 머뭇거리지 말고 문을 두드리세요. 길이 열립니다.